Inhaltsverzeichnis

Gesellschaftswissenschaften

Deutschland und seine Bundesländer ... 1
Auf die Richtung kommt es an – die Windrose ... 2
Was liegt nördlicher, östlicher, südlicher, westlicher? ... 3
Stadt – Land – Fluss 4
Methode: Eine physische Karte lesen ... 5
Kontinente und Weltmeere ... 6
Das Gradnetz der Erde ... 7
Methode: Eine thematische Karte lesen 1 ... 8
Methode: Eine thematische Karte lesen 2 ... 9

Ernährung – wie werden alle Menschen satt?

Hunger ... 10
Die Bedeutung des Feuers für den Menschen ... 11
Wie arbeiten Archäologen? ... 12
Funde aus dem Neandertal ... 13
Ein Tag aus dem Leben der Steinzeitmenschen 1 ... 14
Ein Tag aus dem Leben der Steinzeitmenschen 2 ... 15
Altsteinzeit und Jungsteinzeit ... 16
Landwirtschaft im Norddeutschen Tiefland ... 17
Der Weg der Milch ... 18
Tierische und pflanzliche Produkte – ein Rätsel ... 19
Methode: Arbeiten mit thematischen Karten ... 20
Unsere Lebensmittel ... 21
Wo kommen unsere Lebensmittel her? ... 22
Ökologisch? Logisch! – ein Quiz ... 23

Wasser – nur Natur oder in Menschenhand?

Wozu wir Wasser brauchen ... 24
Gletscher formten die Landschaft ... 25
Küstenformen ... 26
Der Nil – die Jahreszeiten im Alten Ägypten ... 27
Der Nil – ein vielseitiger Fluss ... 28
Links und rechts vom Nil ... 29
Der Pharao ... 30
Die Hieroglyphen ... 31
Kleine Götterkunde ... 32
Fischer ahoi! ... 33
Güterumschlag im Hamburger Hafen ... 34

Die Stadt als Lebensraum

Arbeit mit dem Stadtplan ... 35
Potsdam: Einen Weg richtig beschreiben ... 36
Archäologen entdecken alte Städte 1 ... 37
Archäologen entdecken alte Städte 2 ... 38
Die römische Villa ... 39
Römische Spuren in der Sprache ... 40
Versorgung damals und heute ... 41
Verantwortung für die Umwelt übernehmen ... 42
Stadtviertel unter die Lupe nehmen ... 43
Pendler in Berlin-Brandenburg ... 44
Sich auf Streckenplänen für den Nahverkehr orientieren 1 ... 45
Sich auf Streckenplänen für den Nahverkehr orientieren 2 ... 46
Stadt und städtische Vielfalt – Gewinn oder Problem? ... 47
Mega-Städte der Gegenwart ... 48

Kinderwelten – heile Welten?

Kindheit, Familie, Erziehung in der Antike ... 49
Kindheit in Deutschland nach dem Krieg ... 50
Kinder haben Rechte ... 51
Kinder mit Behinderung ... 52
Kinderarbeit in der Antike und im Mittelalter ... 53
Kinderarbeit während der Industrialisierung ... 54
Kinderarbeit heute ... 55
Kinder als Soldaten ... 56
Kinder auf der Flucht 1 ... 57
Kinder auf der Flucht 2 ... 58
Taya und Tina – zwei Lebensläufe 1 ... 59
Taya und Tina – zwei Lebensläufe 2 ... 60

Mode und Konsum – um jeden Preis?

Mode-Typen 1 ... 61
Mode-Typen 2 ... 62
Funktionen von Kleidung ... 63
Funktionen von Kleidung – ein Rätsel ... 64
Werbung auswerten ... 65
Baumwolle ... 66

Medien – immer ein Gewinn?

Die Erfindung von Gutenberg ... 67
Infowelten ... 68
Die Massenmedien ... 69
Wirtschaftskraft und Meinungsmacher ... 70
Was ein Smartphone alles kann ... 71
Rund ums Internet – ein Rätsel ... 72
Soziale Medien ... 73
Das Medium Karte ... 74

Ausschneidebögen

Ausschneidebogen für 6 ... A
Ausschneidebogen für 29 ... A
Ausschneidebogen für 32 ... B
Ausschneidebogen für 63 ... B

Bildquellen
Clip Dealer: 53.4 (ArTo), 65.2 (Alfred Hofer); Colourbox: 20.1, 20.6, 23.1, 23.3, 23.11 (Franco Nadalin), 70.1 (Jimmi Larsen), 70.2, 78.1, 78.2, 78.3; bpk: 18.2 (Herbert Kraft), 42.1 (Museum für Vor- und Frühgeschichte, SMB / Jürgen Liepe), 60.1; bridgemanart: 18.1 (XBP693814 Acheulean Hand Axe (stone) by Paleolithic, Private Collection; Photo © Boltin Picture); ddp images: 23.9; epd-bild/UNICEF: 61 (Alejandro Balaguer); Fotolia: 23.4 (mishan #109370480), 23.8 (guerrieroale #97898441), 23.12 (bondsza #4497435), 36.1 (fotomek #65522749), 75.1 (grafikplusfoto #51581831), 76.1 (highwaystarz #80155015), 76.3 (Zerbor #94341716), 76.4 (Rawpixel.com #109748743); mauritius images / Images & Stories / Alamy: 44.1; mauritius images / Jochen Tack / Alamy: 53.1; picture-alliance: 20.2 (dpa), 20.3 (dpa), 20.4 (ZB), 20.5 (dpa), 23.7 (Horst Ossinge), 43.2 (blickwinkel/f); Shutterstock: 13 (Chamele-onsEye), 23.2 (FreeProd33), 23.5 (joloei), 23.6 (juefraphoto), 23.10 (branislavpudar), 44.2 (Stylone), 52 (Rachael Burke), 53.2 (Val Thoermer), 65.1 (Hector Conesa), 75.2 (ESB Professional), 76.2 (kikovic), 77.1 (Nucleartist); Visum: 53.3 (Manfred Scharnberg)

Herausgeber: Peter Brokemper, Wolfgang Humann, Dr. Elisabeth Köster, Dr. Dieter Potente
Autorinnen und Autoren: Katrin Blaufuß, Peter Brokemper, Alexander Figge, Wolfgang Humann, Dr. Elisabeth Köster, Dr. Dieter Potente, Katharina Weppelmann

Redaktion: Uschi Pein-Schmidt, Sickte
Grafik / Illustrationen: Klaus Becker, Oberursel; Thomas Binder, Magdeburg; Michael Müller, Hamburg; Joanna Stratmann, Oldenburg; Michael Teßmer, Hamburg; Hans Wunderlich, Berlin
Karten: Carlos Borrell Eikötter, Berlin; Peter Kast, Ingenieurbüro für Kartographie, Wismar; Joanna Stratmann, Oldenburg

Umschlaggestaltung: Rosendahl Berlin, Agentur für Markendesign
Layout und technische Umsetzung: Klein & Halm Grafikdesign, Berlin
Titelfoto: Das Umschlagbild zeigt eine Aufnahme aus einem Karnevalsumzug im Londoner Stadtteil Notting Hill (© Mauritius Images/Steve Vidler).

www.cornelsen.de

1. Auflage, 7. Druck 2025

Alle Drucke dieser Auflage sind inhaltlich unverändert und können im Unterricht nebeneinander verwendet werden.

Druck: Athesiadruck GmbH, Bozen

ISBN 978-3-06-065342-3

PEFC-zertifiziert
Dieses Produkt stammt aus nachhaltig bewirtschafteten Wäldern und kontrollierten Quellen
PEFC/18-31-166 www.pefc.de

Deutschland und seine Bundesländer

1. Wie heißen die 16 Bundesländer? Schreibt zu jeder Zahl das richtige Bundesland. Im Atlas findet ihr eine Deutschlandkarte, in der die Bundesländer eingezeichnet sind. Nehmt sie zu Hilfe, wenn ihr sie braucht.

2. Tragt in die Karte die richtigen Buchstaben für die Landeshauptstädte ein:

München (Mü) | Stuttgart (St) | Wiesbaden (Wi) | Potsdam (P) | Dresden (D) | Magdeburg (M) | Erfurt (E) | Schwerin (Schw) | Düsseldorf (Dü) | Saarbrücken (Sa) | Mainz (Ma) | Hannover H) | Kiel (K)

3. Malt die drei Stadtstaaten farbig aus.

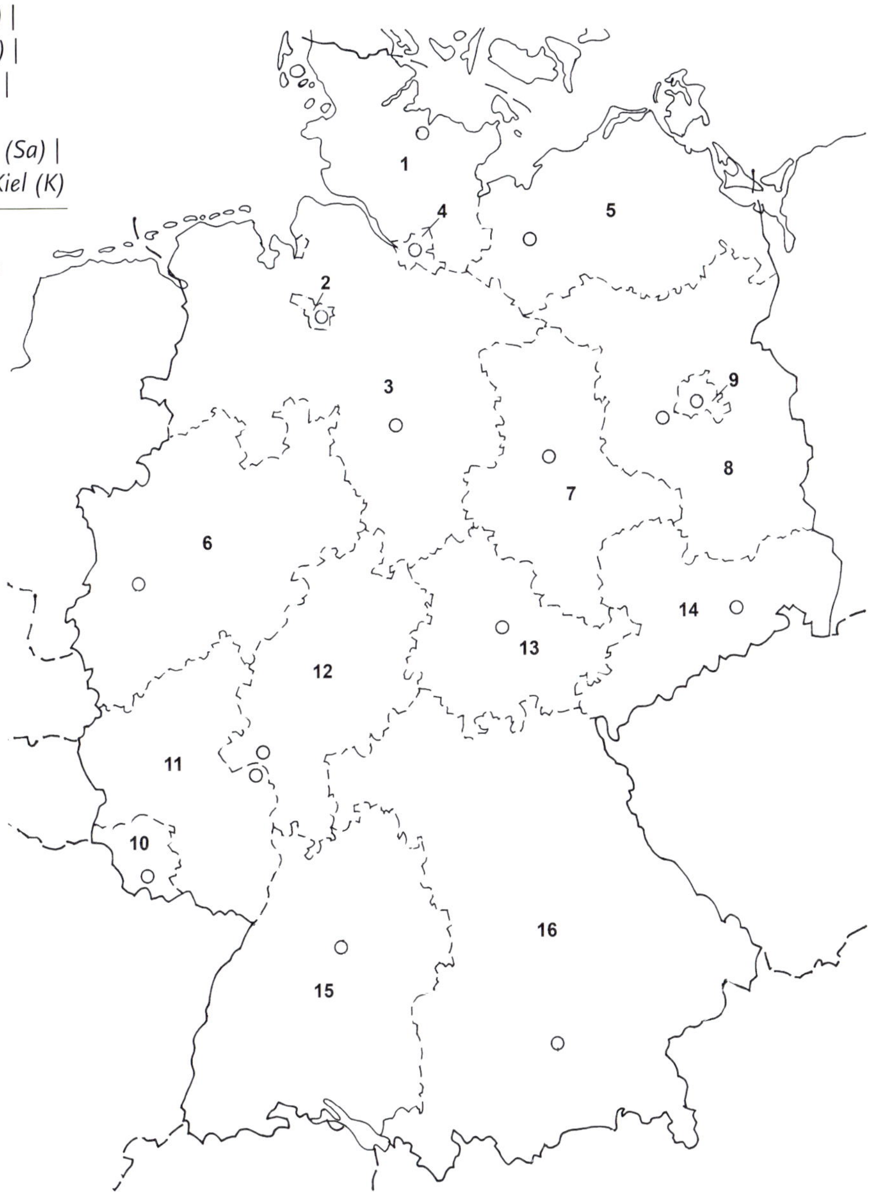

1 ________________ 9 ________________

2 ________________ 10 ________________

3 ________________ 11 ________________

4 ________________ 12 ________________

5 ________________ 13 ________________

6 ________________ 14 ________________

7 ________________ 15 ________________

8 ________________ 16 ________________

Auf die Richtung kommt es an – die Windrose

1. Setzt die fehlenden Himmelsrichtungen in die Kreise ein.

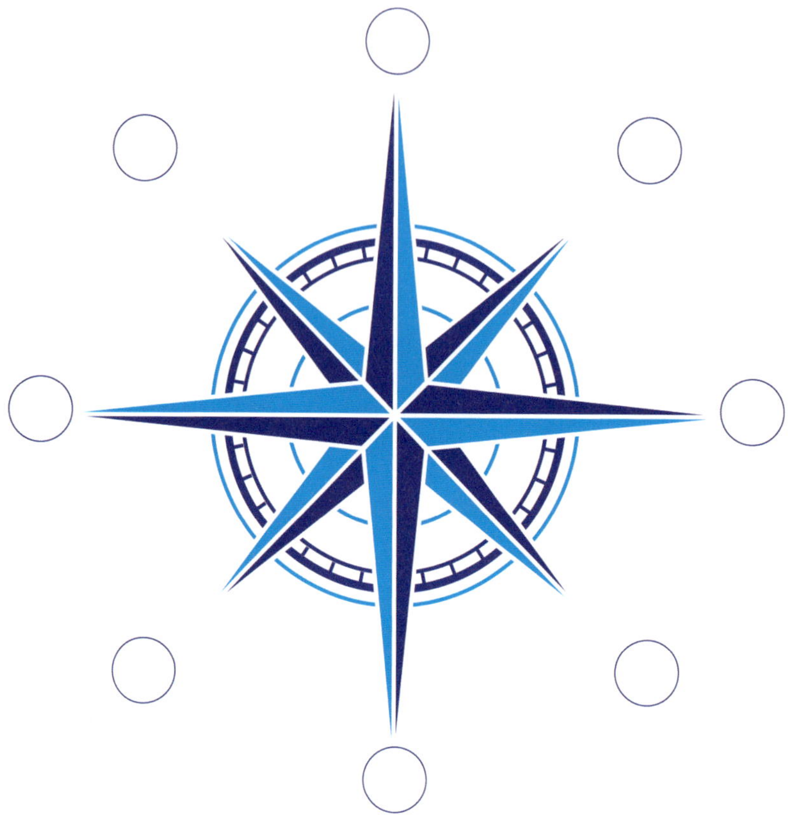

2. Tragt in die Mitte der Zeichnung euren Schulort ein.
Ergänzt Orte, die von eurem Schulort aus in den angegebenen Richtungen liegen.
Ihr könnt einen Atlas zu Hilfe nehmen.

Norden **N**

Nordwesten **NW**

Nordosten **NO**

Westen **W**

Osten **O**

Südwesten **SW**

Südosten **SO**

Süden **S**

Was liegt nördlicher, östlicher, südlicher oder westlicher?

1. Seht euch die Karte im Buch an und kreuzt die richtigen Antworten an.

Was liegt am weitesten im Norden?

Stadt	☐ Berlin	☐ Hamburg	☐ Bremen
Insel	☐ Rügen	☐ Helgoland	☐ Usedom
Mittelgebirge	☐ Thüringer Wald	☐ Harz	☐ Eifel

Was liegt am weitesten im Osten?

Fluss	☐ Weser	☐ Elbe	☐ Oder
Stadt	☐ Cottbus	☐ Potsdam	☐ Schwerin
Mittelgebirge	☐ Teutoburger Wald	☐ Erzgebirge	☐ Fichtelgebirge

Was liegt am weitesten im Süden?

Stadt	☐ Stuttgart	☐ München	☐ Frankfurt
Fluss	☐ Main	☐ Donau	☐ Mosel
Meer/See	☐ Nordsee	☐ Ostsee	☐ Bodensee

Was liegt am weitesten im Westen?

Stadt	☐ Köln	☐ Aachen	☐ Dortmund
Mittelgebirge	☐ Eifel	☐ Taunus	☐ Rhön
Fluss	☐ Weser	☐ Rhein	☐ Elbe

2. Entscheidet, welche (grobe) Himmelsrichtung man bei einer Fahrt von einer Stadt zur anderen einschlägt:

Von	**Nach**	**Himmelsrichtung**
Berlin	Hamburg	*Norden bzw. Nordwesten*
Schwerin	Magdeburg	
Leipzig	Cottbus	
Potsdam	Görlitz	
Brandenburg	Hannover	

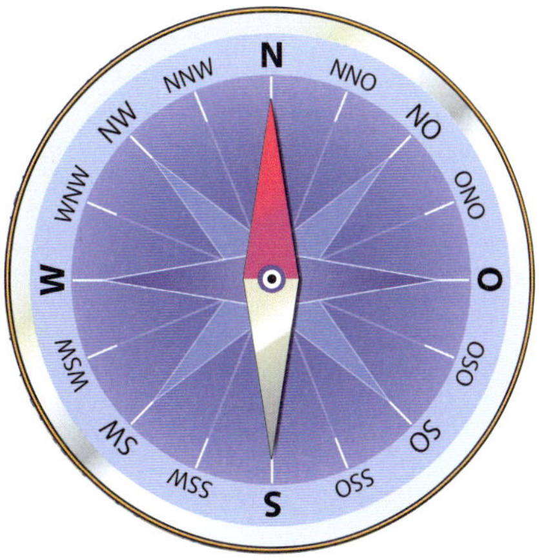

Stadt – Land – Fluss ...

1. Findet heraus, worauf sich diese geographischen Namen beziehen.
Ist das ein Land, eine Stadt oder ein Fluss? Es können auch Inseln und Seen dabei sein.
Schlagt in eurem Atlas nach.

2. Kreuzt die richtige Lösung in der zweiten Spalte an.

Begriff	**Registereintrag im Atlas Seiten/Koordinaten**		
1 London		☐ Land (L)	☐ Stadt (A)
2 Nil		☐ Stadt (K)	☐ Fluss (T)
3 Kenia		☐ See (G)	☐ Land (L)
4 Tokio		☐ Stadt (A)	☐ Fluss (H)
5 Rhein		☐ Land (I)	☐ Fluss (S)
6 Ruhr		☐ Stadt (P)	☐ Fluss (R)
7 Kuba		☐ Fluss (W)	☐ Land (E)
8 Tahiti		☐ Insel (G)	☐ Fluss (I)
9 Borkum		☐ Insel (I)	☐ See (D)
10 Mississippi		☐ Land (Z)	☐ Fluss (S)
11 Honduras		☐ Land (T)	☐ See (P)
12 Helgoland		☐ Insel (E)	☐ Fluss (F)
13 Lippe		☐ Land (E)	☐ Fluss (R)
14 Ems		☐ Insel (S)	☐ Fluss (P)
15 Köln		☐ Stadt (R)	☐ See (B)
16 Amazonas		☐ Land (L)	☐ Fluss (O)
17 Balaton		☐ Stadt (S)	☐ See (F)
18 Tibet		☐ Land (I)	☐ See (N)

Alles klar? Alles richtig? Dann habt ihr das Lösungswort erraten:

___	___	___	___	___	___	___	___	___	___	___	___	___	___	___	___	___	___
1	2	3	4	5	6	7	8	9	10	11	12	13	14	15	16	17	18

Methode: Eine physische Karte lesen

Seht euch die Karte im Buch an und bearbeitet die folgenden Aufgaben.

1. Nennt drei Städte mit mehr als 1 Million Einwohnern:

2. Nennt acht Städt mit 100 000 bis 500 000 Einwohner:

3. Nennt vier Städte mit bis zu 100 000 Einwohnern:

4. Nennt sechs Gebirge:

5. Nennt drei Berge, die über 1000 Meter, aber unter 2000 Meter hoch sind:

Name des Berges:

Höhe des Berges

Gehört zu diesem Gebirge:

6. Nennt vier Städte, die auf einer Höhe von bis zu 100 Metern liegen:

7. Nennt vier Städte, die auf eine Höhe von mehr als 300 Metern liegen:

8. Nennt vier Flüsse, die mehr als 500 km lang sind:

9. Nennt zwei Seen im Süden Deutschlands:

10. Nennt eine Stadt mit unter 500 000 Einwohnern, die nicht weiter als 30 km von Berlin entfernt ist:

Kontinente und Weltmeere

1. Schneidet die Kontinente aus dem Ausschneidebogen A aus.
2. Zeichnet unten auf dem Blatt den Äquator ein.
3. Ordnet die ausgeschnittenen Kontinente an.
4. Vergleicht mit einer Weltkarte im Buch. Verbessert bei Bedarf die Anordnung.
5. Klebt die Kontinente nun auf.
6. Beschriftet die Weltkarte mit dem Äquator, dem Nullmeridian, den Namen der Kontinente und den Namen der Weltmeere.

Das Gradnetz der Erde

Mit dem Gradnetz kann man jeden Punkt auf dem Globus oder einer Weltkarte finden und bestimmen.

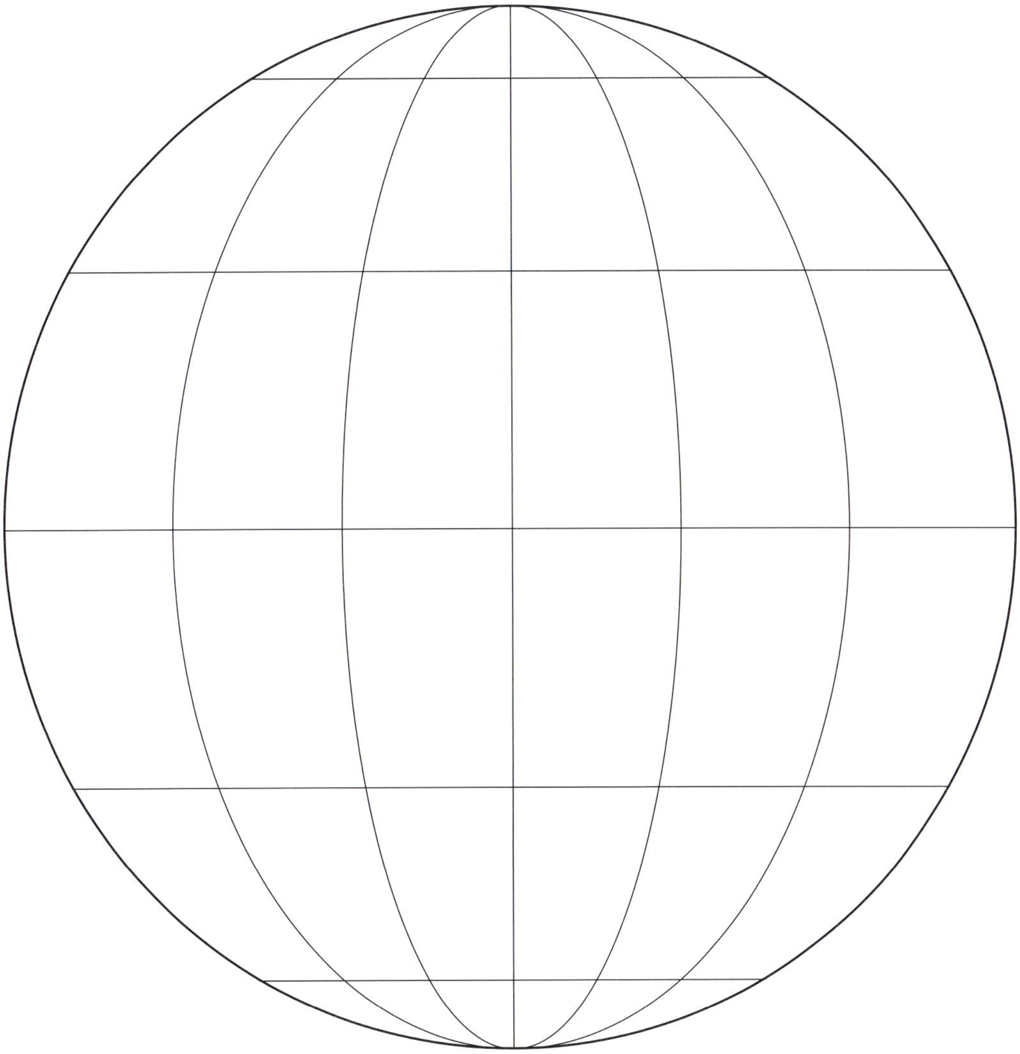

1. Tragt in der Skizze an der richtigen Stelle ein:

Nordpol | Südpol | Äquator | Nullmeridian

2. Kennzeichnet farbig die folgenden Breitengrade (rot) und Längengrade (blau):

30° | 60° | 90° West *30° | 60° | 90° Ost* *30° | 60° Nord* *30° | 60° Süd*

3. Markiert in der Karte mit einem Punkt und schreibt den Namen der jeweiligen Stadt:

Kairo: 30° Nord, 31° Ost

New Orleans: 30° Nord, 90° West

Durban: 30° Süd, 30° Ost

London: etwa 51° Nord, Nullmeridian

Berlin: etwa 52° Nord, etwa 14° Ost

Rom: etwa 42° Nord, 12° Ost

Methode: Eine thematische Karte lesen 1

Methode: Eine thematische Karte lesen 2

Auf der Karte auf dem Arbeitsblatt „Methode: Eine thematische Karte lesen 1“ können wir erkennen, wo bestimmte Industriebetriebe und Bergbaubetriebe angesiedelt werden. So erfahren wir, wo zum Beispiel Bekleidung oder Autos hergestellt werden oder wo Nahrungsmittel verarbeitet werden. Außerdem können wir erkennen, wo beispielsweise Steinkohle oder Braunkohle abgebaut werden.

1. Seht euch die Legende genau an und sucht die Symbole in der Karte.

- Steinkohle
- Braunkohle
- Salze
- Eisenverhüttung und Stahlherstellung
- Gießerei, Walzwerk, Stahlbau
- Maschinenindustrie
- Kraftfahrzeugindustrie
- Metall verarbeitende Industrie
- Schiffbau
- Flugzeugbau
- Elektroindustrie
- Feinmechanische Industrie
- Textilindustrie
- Bekleidungsindustrie
- Lederverarbeitung
- Schuhindustrie
- Chemische Industrie
- Gummiindustrie
- Erdölraffinerie
- Porzellanindustrie
- Nahrungsmittelindustrie
- Ballungsgebiet
- Staatsgrenze
- Landesgrenze

0 100 km

Bearbeitet nun mithilfe der Karte und der Legende die folgenden Aufgaben.

2. Nennt sechs Städte oder Gebiete, in denen Nahrungsmittel verarbeitet werden (= Nahrungsmittelindustrie).

3. Nennt sechs Städte oder Gebiete, in denen Maschinen gebaut werden (= Maschinenindustrie).

4. Welche Arten von Industrie gibt es in Berlin?

5. Nennt drei Städte oder Gebiete, in deren Nähe Braunkohle abgebaut wird.

6. Nennt drei Städte oder Gebiete, in deren Nähe Steinkohle abgebaut wird.

7. Nennt sechs Städte oder Gebiete, wo man Betriebe der chemischen Industrie findet.

8. Nennt sechs Städte oder Gebiete, wo man Betriebe der Elektroindustrie findet.

Hunger

Lebensmittel = Mittel zum Leben

Ohne sie könnten wir nicht existieren. Lebensmittel sind kostbar. Das merkt man oft erst, wenn sie fehlen. Knapp 800 Millionen Menschen leiden unter Hunger. Armut, Krieg und Vertreibung, Naturkatastrophen und Mängel in der Landwirtschaft können die Ursachen sein. Jeder neunte Mensch muss am Abend hungrig schlafen gehen, in Afrika ist es sogar jeder Vierte!

1. Betrachtet die Karte und stellt fest, in welchen Gebieten die Hungersnot

a) am größten ist.

____

b) am geringsten ist.

____

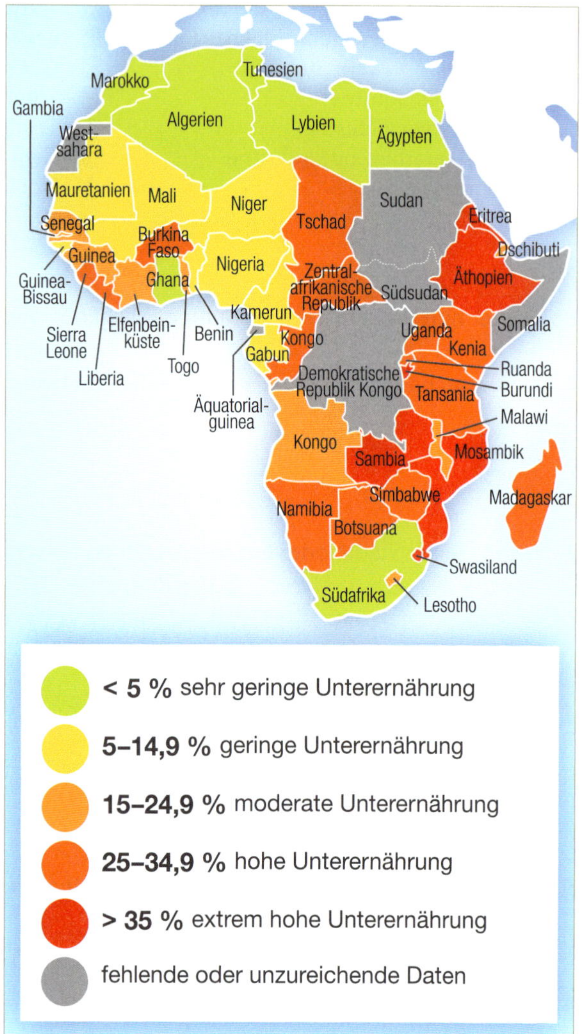

2. Betrachtet die Karte und ergänzt die Tabelle.

unterernährt	**Land**
keine Daten	
35 Prozent und mehr	
25 bis 34,9 Prozent	
15 bis 24,9 Prozent	
5 bis 14,9 Prozent	
weniger als 5 Prozent	

3. Der Kampf gegen den Hunger ist gleichzeitig ein Kampf gegen den Klimawandel. Wassermangel ist dabei meistens das größte Problem. Findet heraus, wie die genannten Hilfsprojekte wirken, und kreuzt an, welche etwas gegen den Wassermangel ausrichten.

- ☐ Brunnenbau
- ☐ Schulspeisung
- ☐ Schutzwälle um die Felder
- ☐ Aufforstung
- ☐ Ausbildungs-/Arbeitsplätze schaffen
- ☐ Bewässerungsanlagen
- ☐ Hilfslieferungen
- ☐ Kleinbauern unterstützen
- ☐ Absatzmärkte schaffen
- ☐ Ernährungsberatung
- ☐ Terrassenanbau

Die Bedeutung des Feuers für den Menschen

Ursprünglich hatten die Menschen, wie alle Lebewesen, Angst vor dem Feuer. Vor etwa 750 000 Jahren – so der Stand der heutigen Forschung – entdeckten sie, wie nützlich das Feuer sein konnte.
Das Feuer wurde sorgsam gehütet.

Auf den Wanderungen wurde die Glut mitgenommen. Am neuen Lagerplatz konnte dann schnell ein neues Feuer entfacht werden. Erst viel später lernten die Menschen, Feuer selbst herzustellen (vor etwa 50 000 Jahren).

1. Schildert, wie die Urmenschen mit Feuer in Berührung kamen.

Wärme

Schutz

Licht

Geselligkeit

zur Jagd

2. Auf dem Bild sieht man eine Höhle mit einem Lagerfeuer.
Die Stichwörter daneben nennen den Nutzen des Feuers für den Menschen. Erläutert die Stichwörter.

3. Erklärt, wie die Männer auf dem Foto mit zwei weichen Holzstücken Feuer erzeugen.

Wie arbeiten Archäologen?

Sicherlich liegen die Funde in Wirklichkeit nicht immer so geordnet in den Bodenschichten. Aber die Zeichnung soll zeigen, was Archäologen vorfinden, wie sich im Laufe der Jahrhunderte und Jahrtausende Bodenschichten übereinander ablagern und welche Gegenstände unter Umständen darin zu finden sind.

Die Zeichnung zeigt Funde aus der heutigen Zeit, der Zeit der Römer, der Steinzeit, dem Mittelalter, der Bronzezeit und der Eisenzeit. Die Abfallgrube wurde im Mittelalter angelegt. Die Pflasterstraße stammt von den ...

1. Ordnet die Zeitalter den Erdschichten zu.
Anhand der Fundstücke kann man erkennen, um welches Zeitalter es sich handelt.

1. ______________________
2. ______________________
3. ______________________
4. ______________________
5. ______________________
6. ______________________

Funde aus dem Neandertal

1856 fanden Arbeiter beim Kalkabbau im Neandertal bei Düsseldorf Skelettteile. Sie hielten die Knochen für die Überbleibsel eines Bären. Sie benachrichtigten den Realschullehrer Johann Carl Fuhlrott. Der Lehrer, der sich in seiner Freizeit gern mit naturwissenschaftlichen Dingen beschäftigte, schaute sich die Gebeine an und sagte: „Das ist kein Bär, das ist ein Mensch, der vor vielen tausend Jahren gelebt hat." Das war eine kühne Behauptung. Der Mensch, das Abbild Gottes, sollte Augenwülste, ein fliehendes Kinn und wuchtige Knochen gehabt haben? Wie urteilten die Gelehrten?

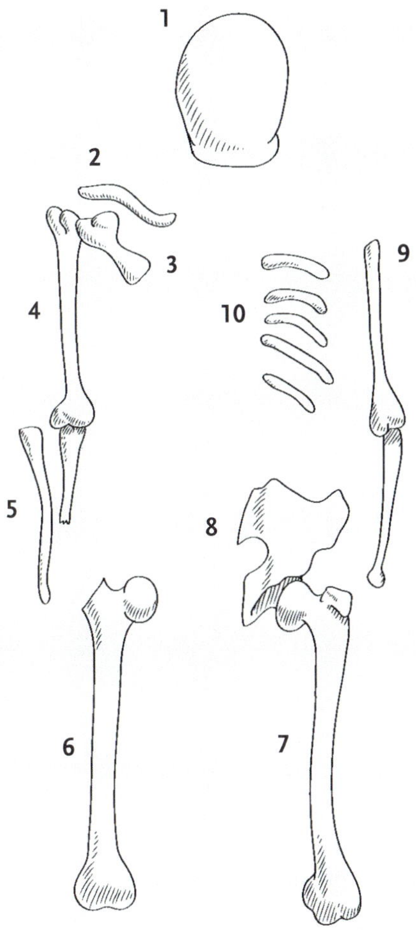

1. Die Knochenreste, die man im Neandertal gefunden hat, wurden so geordnet, wie es ihrer Position im vollständigen Skelett entspricht.

Bestimmt die Knochen des Neandertalers:

Beckenknochen | linker Oberarm mit Unterarmknochen | linker Oberschenkel | rechter Oberarmknochen | rechter Oberschenkel | rechter Unterarmknochen | Rippen | Schädeldecke | Schlüsselbein | Schulterblatt

1 ____________________

2 ____________________

3 ____________________

4 ____________________

5 ____________________

6 ____________________

7 ____________________

8 ____________________

9 ____________________

10 ____________________

2. Sucht nach neuen Forschungsergebnissen zum Alter des Neandertalers in Zeitschriften und im Internet und schreibt sie auf. Achtet dabei auf die Untersuchungsmethoden.

Ein Tag aus dem Leben der Steinzeitmenschen 1

Ein Tag aus dem Leben der Steinzeitmenschen (vor rund 100 000 Jahren)

Die Birken, Weiden und Erlen haben ihr Laub längst abgeworfen. Der Winter ist eingekehrt. Zwischen den Bäumen springen einige Hasen umher und nagen an den Rinden. Bei der geringsten Andeutung einer Gefahr erstarren sie. Mit ihrem weißen Fell heben sie sich kaum vom Schnee ab und sind so gut wie unsichtbar. Diesen Schutz brauchen sie, denn überall lauert der Tod. Raubvögel segeln auf lautlosen Schwingen über die Baumkronen, und Füchse schleichen durchs Unterholz. Mammuts, Nashörner, Rentiere, Wisente und zottige Pferde durchstreifen das Land. Auf kahlen Wiesen suchen sie nach Futter oder sie scharren den lockeren Schnee zwischen den Bäumen fort, um an das verdorrte Gras zu gelangen. Einen bestimmten Ort scheinen alle Tiere zu meiden. Er liegt am Hang eines Hügels in der Nähe eines Flusses. Dort wohnen in einer Höhle Menschen. Vor dem Eingang steht ein Windschutz aus Zweigen und ausgebreiteten Fellen. Vorn in der Höhle brennt ein Feuer. Eine Frau kniet beim Feuer nieder. Sie schiebt die Glut beiseite und wirft mehrere Fleischscheiben auf die flachen, heißen Steine. Ein Mann schnappt sich ein Stück, das noch fast roh ist. Mit einer Steinkante zerteilt er es und stopft sich die Brocken in den Mund. Seine mächtigen Kiefer beginnen zu mahlen. Nach dem Essen binden sich Männer und Frauen Tierhäute um die Felle, die sie im Winter Tag und Nacht tragen. Dann greifen sie nach ihren hölzernen Speeren und treten in die Kälte hinaus. Einige Frauen und ein alter Mann arbeiten in der Nähe der Höhle. Sie schaben mit einem Stein Fleischreste von einem Tierfell, zerstampfen Nüsse, sammeln Holz und kümmern sich um die Kleinen. Die alte Frau sitzt regungslos am Feuer. Ab und zu legt sie ein paar trockene Holzscheite nach. Die Jägerinnen und Jäger stapfen durch den lichten Wald. Ein Mann rupft sich ein paar Haare aus dem Fell, wirft sie in die Luft und stellt die Windrichtung fest. Die Gruppe entdeckt die Spuren von Hasen, die nach außen gerichteten Abdrücke des Luchses und die aufgescharrten Stellen, wo Rentiere gegrast haben. Da – ein klickendes Geräusch. Der Jäger vorn hat zwei Steine gegeneinandergeschlagen.

Sofort bleiben seine Begleiter stehen. Dann kommen sie vorsichtig näher und sehen eine Rentierherde, die wiederkäuend auf einem gefrorenen See rastet. Rentiere lagern gern im offenen Gelände. So können sie Wölfe und andere Raubtiere schon von Weitem erblicken.In geduckter Haltung schleichen sich die Jäger und Jägerinnen an die Herde heran. Dann stürzen sie hervor. Blitzschnell springen die Rentiere auf und jagen davon. Aber ein Hirsch mit einem großen Geweih kommt eine Spur langsamer auf die Hufe, er zögert den Bruchteil einer Sekunde, bevor er den anderen nachsetzt. Vielleicht hat er einen entzündeten Huf oder ein verletztes Bein. Die Jäger wissen: Wenn sie überhaupt eine Chance haben, eines der Tiere zu erlegen, dann ist es dieser Hirsch. Schon eine halbe Stunde folgen sie seiner Spur. Da plötzlich sehen sie ihn. Er kämpft sich durch eine Schneewehe. Schnaubend schleudert er den Pulverschnee nach allen Seiten. Die Männer und Frauen rennen näher und werfen ihre Speere. Das Tier fällt auf die Knie, sein Kopf wankt hin und her. Ein einziger Keulenschlag und es ist tot. Die Männer schleifen den Hirsch zur Höhle. Dort wird er geschlachtet.

(frei erzählt nach George Constable: Die Neandertaler, Amsterdam, 2. Aufl. 1974, S. 71 ff.)

Ein Tag aus dem Leben der Steinzeitmenschen 2

Nicht immer waren die Sommer so warm und die Winter so mild wie heute. Es gab Zeiten, in denen im Juli die Durchschnittstemperaturen bei + 5 °C lagen und im Dezember das Thermometer bis auf –50 °C fiel.

Während einer Eiszeit wanderten von Norwegen gewaltige Eisberge nach Norddeutschland. Sie hobelten alles weg, was sich ihnen in den Weg stellte. Diese Gletscher führten riesige Erd- und Gesteinsmassen mit sich, unter anderem zahlreiche Findlinge.

1. Erläutert das Schaubild und stellt fest, in welchem Zeitabschnitt die Geschichte „Ein Tag aus dem Leben der Steinzeitmenschen“ spielt.

2. Nennt Tiere, die damals gelebt haben.

3. Begründet, warum eine alte Frau das Feuer bewachte.

4. Weist nach, dass die Urmenschen geschickte Jäger waren.

5. Der Hirsch wurde fast vollständig verwertet.
Tragt die folgenden Wörter in die „Verwertungstabelle“ ein:

Behälter | Harpunen | Keule | Kleidung | Nadeln | Nähgarn | Lederriemen | Nahrung | Schaber | Schnüre | Schuhe | Speerspitzen | Zelte

Knochen		Geweih	
Fleisch		Magen und Darm	
Sehnen und Därme		Fell	

Altsteinzeit und Jungsteinzeit

Altsteinzeit

1. Tragt die folgenden Begriffe in die richtige Spalte ein:

Tierfelle: Pelze, Leder | Zelte, Felsvorsprünge, Höhlen | Faustkeile, Pfeilspitzen | Knochenreste, Höhlenzeichnungen, Vergleich mit heutigen Naturvölkern

Bereich	Was wurde verwendet?	Beweise der Archäologen
Nahrung	Jagdtiere, Fische, Beeren, Pilze, Wildfrüchte, Samen ...	
Kleidung		Nadeln aus Knochenmaterial
Wohnung		Überreste von Lagerplätzen
Geräte	aus Holz, Knochen, Steinen	

Jungsteinzeit

2. In der Jungsteinzeit kamen folgende Neuerungen hinzu.
Tragt die folgenden Begriffe in die richtige Spalte ein:

erhaltene Gefäße und Scherben | geschliffene und durchbohrte Geräte, Schleifwannen, Mahlsteine, Beile |
Spinnwirtel und Webgewichte |
Feldfrüchte, Gemüse, Getreide, Fleisch von Haustieren |
feste Häuser, Siedlungen

Bereich	Was wurde verwendet?	Beweise der Archäologen
Nahrung		Überreste in Abfallgruben, Mahlsteine, Reste im Tongeschirr
Vorräte	Tongefäße	
Wohnung		Pfostenlöcher, verfaultes Pfostenholz, Abdrücke im Lehmverputz
Kleidung	Textilien aus Wolle und Pflanzenfasern	
Geräte	Spezialgeräte für verschiedene Zwecke	

Landwirtschaft im Norddeutschen Tiefland

1. Ergänzt die Lücken im Text mit den folgenden Wörtern:

Futterpflanzen | Nordsee | Sommer | Schweinemast | Weideland | Ostsee | Obstanbau | Lößboden | Großbetriebe | Zuckerrüben | Winter

Das Norddeutsche Tiefland grenzt an zwei Meeresteile, ____________ und ____________ . Der westliche Teil dieser Landschaft ist eher feucht, dort gibt es saftiges ____________ oder es werden ____________ angebaut. Hier liegen auch viele ____________ mit Viehhaltung wie zum Beispiel ____________ . Milde Temperaturen an der unteren Elbe befördern vor allem den ____________ . In den etwas weiter von der Küste entfernt liegenden Bördelandschaften mit ihrem sehr fruchtbaren ____________ gedeihen Kartoffeln, ____________ und Getreide. Im östlichen Teil des Tieflandes ist das Klima weniger ausgeglichen: die ____________ sind warm und trocken und die ____________ empfindlich kalt.

Die landschaftliche Gliederung von Brandenburg

2. Findet heraus:
Wo wird Obst angebaut?

____

____

____

Wo wird Gemüse angebaut?

____

____

____

Wo wird Milchvieh gehalten?

____

____

____

Wo wird Schweinemast betrieben?

____

____

____

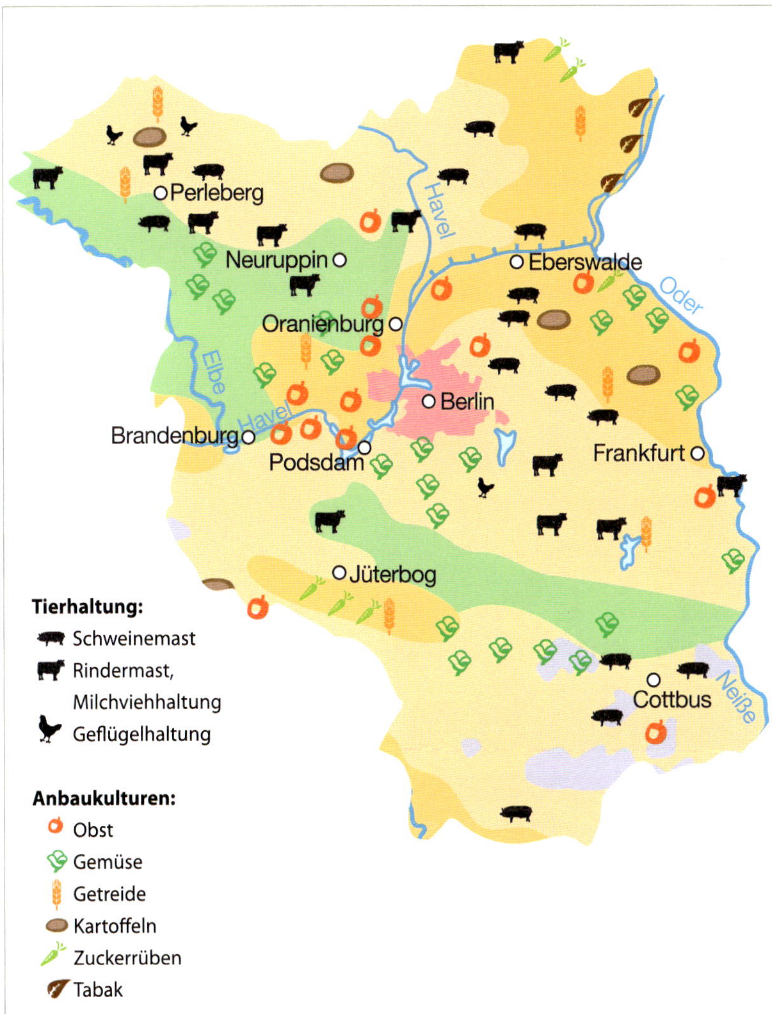

Der Weg der Milch

1. Seht die Bilder genau an. Ergänzt die Sätze.

Supermarkt | Kühlregal | Milch | Melkmaschinen | Milchtankwagen | gemolken | Molkerei

Die Kühe weiden auf der Wiese.

Im Körper der Kühe bildet sich ____________________.

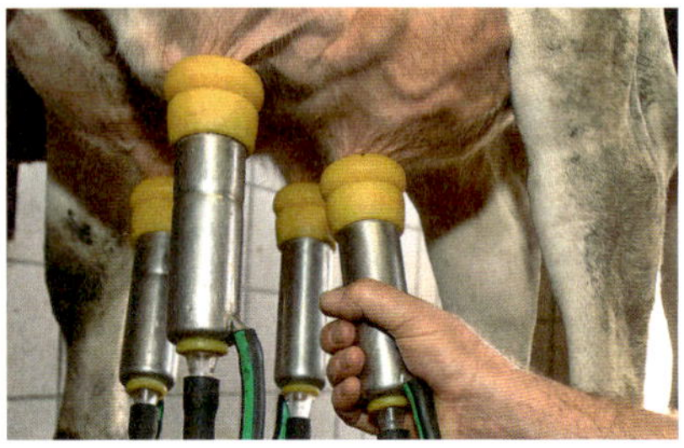

Mit ____________________ werden die Kühe jeden Tag ____________________.

Mit dem ____________________ wird die Milch in die Molkerei geliefert.

In der ____________________ wird die Milch gereinigt, erhitzt, haltbar gemacht und abgefüllt.

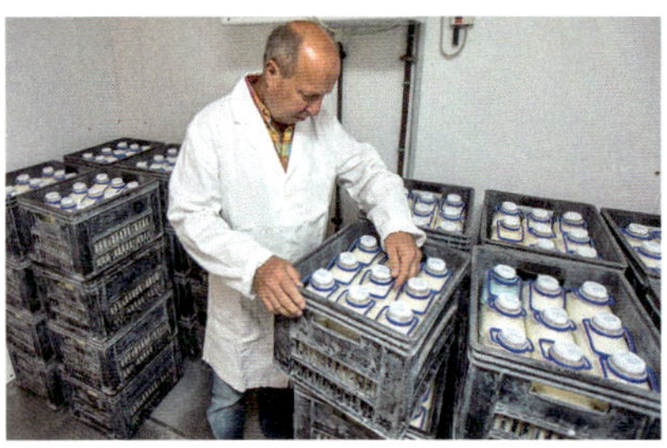

Die Milch wird dann in den ____________________ geliefert. Dort kommt sie zuerst in das Kühllager.

Wenn die Milch im ____________________ steht, können sie die Kunden kaufen.

Tierische und pflanzliche Produkte – ein Rätsel

1. Löst das Kreuzworträtsel.

1 Eine Getreidesorte
2 Aus ihnen wird Ketchup hergestellt.
3 Ein Nutztier
4 Eine Gemüsesorte
5 Es wird aus Äpfeln hergestellt.
6 Eine Obstsorte
7 Ein Milchprodukt
8 Fleisch wird dazu verarbeitet
9 Esst viel Obst und ...
10 Hier wird Fleisch zu Wurst verarbeitet.
11 Dieses Gemüse kannst du kochen, braten, frittieren.
12 Das wird aus Mehl gebacken.
13 Das legen Hühner.
14 Das geben Kühe.

			G	G									
						A			N				
					H	R							
	P	F					S						
				J		G							
			W										
				G			Ü						
												E	I
								F	F				
						T							
						L							

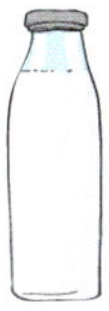

Das Lösungswort kann man von oben nach unten in den markierten Kästchen lesen.

LÖSUNGSWORT: ___ ___ ___ ___ ___ ___ ___ ___ ___ ___ ___ ___ ___ ___

2. Wie nennt man den Anbau von Getreide?
Markiert die Antwort in der Buchstabenschlange.

WLNMCKGJTDSYKBRTUIACKBNLLÖZTFCXYKIZFEDFHXAÄ
ZIFBMOHDWAYCXWÄLMNIZTDFRXQEDITBNÜACIPÜÖÄHIM
QACKERBAUNLLÖOZTQAUIOPÜNMGSWACIPÜMWQÜTEP

Methode: Arbeiten mit thematischen Karten

Nehmt zur Beantwortung der Fragen die Karte im Buch zu Hilfe.

1. Zeichnet folgende Symbole jeweils 5-mal in die Karte ein:

Schweinemast
Rindermast /Viehhaltung
Kartoffeln
Gemüse
Obst
Wein

2. Beschriftet die Flüsse.

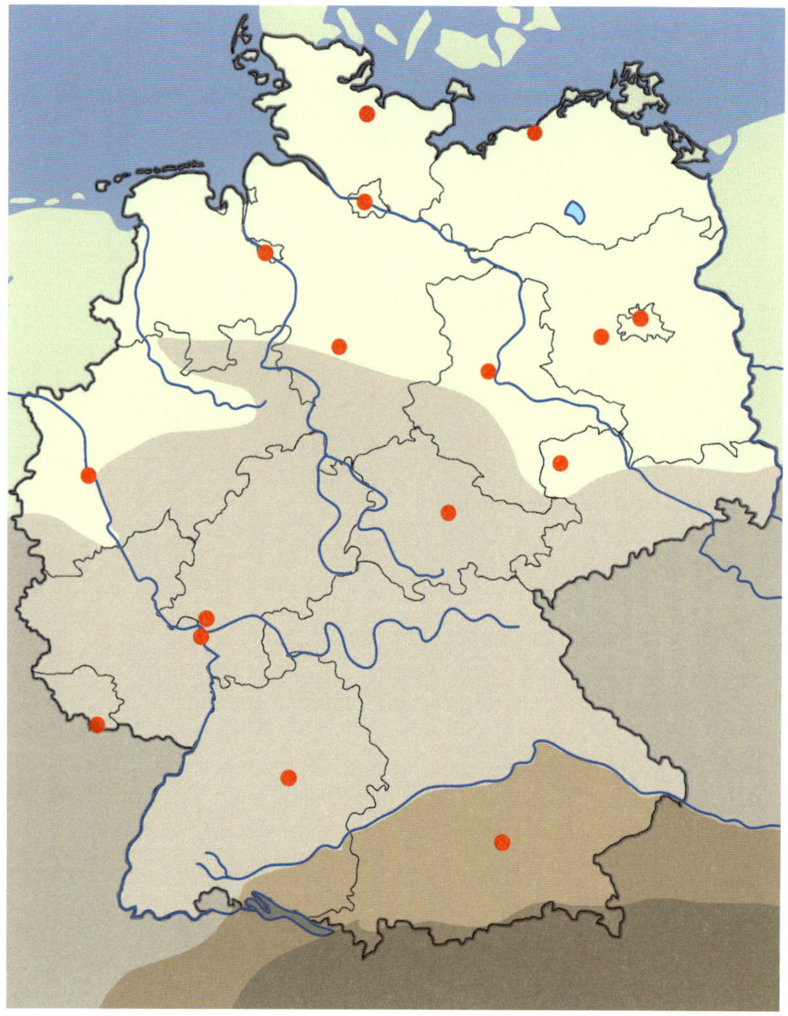

3. Tragt die Ziffern für folgende Städte an der richtigen Stellen in die Karte ein:

1 Kiel | 2 Rostock | 3 Bremen | 4 Hamburg | 5 Berlin | 6 Potsdam | 7 Hannover | 8 Magdeburg | 9 Düsseldorf | 10 Kassel | 11 Leipzig | 12 Mainz | 13 Wiesbaden | 14 Saarbrücken | 15 Stuttgart | 16 München

4. Nennt die vier Großlandschaften. Nehmt zur Beantwortung der Frage die Karte im Buch zu Hilfe.

Unsere Lebensmittel

1

2

3

4

5

6

7

8

9

10

11

12

1. Ordnet die Bildnummern in die Tabelle ein. Ihr könnt auch Bilder in beiden Spalten eintragen.
2. Schreibt zu jeder Bildnummer Stichwörter dazu (zum Beispiel Spargel ernten, Heizkosten für Treibhaus ...)

Die Herstellung der Lebensmittel kostet ...

Arbeitskraft und Zeit	Energie

Wo kommen unsere Lebensmittel her?

Unsere Lebensmittel haben teilweise einen langen Weg hinter sich, bis sie bei uns auf dem Tisch liegen.

1. Nehmt eine Atlaskarte zu Hilfe und findet heraus, welchen Weg
- Erdbeeren aus Südspanien und
- Spargel aus Griechenland bis zu uns zurücklegen müssen.

2. Notiert die Länder, die beim Transport durchquert werden. Schreibt auch mögliche Transportmittel dazu.

Erdbeeren: ______________________________

____

Spargel: ______________________________

____

3. Zeichnet nun den Weg in die Karte ein:
Erdbeeren aus Südspanien (rot) und Spargel aus Griechenland (blau).

Nachhaltigkeit und bewusstes Konsumverhalten
Lange Wege und hohe Transportkosten lassen sich vermeiden.

4. Lest die Aussagen der Kinder und kreuzt an, welcher Meinung ihr euch anschließen könnt.
Sprecht darüber mit euren Nachbarn/eurer Arbeitsgruppe und begründet eure Auswahl.

Eigentlich sollte man Erdbeeren und Spargel nur um die Jahreszeit essen, in der sie hier bei uns geerntet werden. Sonst ist das doch nichts Besonderes mehr. ☐

Spargel aus der Dose schmecken auch nicht schlecht. ☐

Erdbeeren könnte man doch gut im eigenen Garten anbauen. ☐

Die Transporte gehen doch heutzutage sowieso quer durch Europa. Da kommt es doch auf ein paar Spargel oder Erdbeeren auch schon nicht mehr an. ☐

Ich würde eher Bio-Obst aus Spanien oder Griechenland kaufen als „normales“ von hier. ☐

Wir kaufen nur frische Erdbeeren hier aus der Umgebung. Die schmecken auch viel süßer als die von weit her, die ja noch unreif geerntet werden müssen. ☐

Ökologisch? Logisch! – ein Quiz

1. Ihr könnt mit den folgenden Aufgaben ein Quiz spielen.
Vervollständigt die Sätze mit der richtigen Antwort.
Es gibt jeweils nur eine richtige Lösung, die ihr ankreuzen könnt.

1. Biobauern halten ihre Tiere artgerecht. Darunter versteht man, dass ...
- ☐ nur eine Art von Tieren gehalten wird. (B)
- ☐ viele Tiere auf engstem Raum gehalten werden. (A)
- ☐ Tiere gemäß ihren Bedürfnissen gehalten werden. (H)

2. Biobauern erwirtschaften auf ihren Feldern geringere Mengen als „normale" Bauern, weil sie ...
- ☐ faul sind. (I)
- ☐ keinen chemischen Dünger auf ihren Feldern verwenden. (O)
- ☐ mit weniger zufrieden sind. (T)

3. Unter Direktvermarktung versteht man, ...
- ☐ dass der Landwirt seine Güter direkt zum nächsten Supermarkt bringt. (H)
- ☐ den Verkauf von landwirtschaftlichen Gütern direkt ab Hof. (F)
- ☐ den Verbrauch der Güter direkt auf dem eigenen Hof. (G)

4. Biobauern pflanzen Hecken an den Feldrand, weil ...
- ☐ es einfach besser aussieht. (A)
- ☐ die Grenze zum Nachbarfeld deutlicher wird. (E)
- ☐ Hecken der Lebensraum von Tieren sind, die die Schädlinge auf den Feldern auffressen. (L)

5. Biobauern bauen auf ihren Feldern nacheinander verschiedene Pflanzen an, weil ...
- ☐ dadurch die Bodenqualität erhalten bleibt. (A)
- ☐ sie die Abwechslung lieben. (S)
- ☐ sie zu geizig sind, sich Mineraldünger zu kaufen. (D)

6. Biobauern betreiben immer sowohl Ackerbau als auch Viehhaltung, weil ...
- ☐ irgendjemand ja das Heu fressen muss. (K)
- ☐ die Tiere den Dünger für die Felder liefern. (D)
- ☐ sie sich nicht entscheiden können. (P)

7. Biobauern betreiben aktiven Umweltschutz, denn ...
- ☐ sie sind nett zu ihren Kunden. (U)
- ☐ sie verwenden keine Chemie auf ihren Äckern und in den Ställen (E)
- ☐ sie lassen ihre Tiere im Stall und auf der Weide frei herumlaufen. (A)

8. Biobauern haben ein etwas höheres Einkommen als „normale" Bauern, weil ...
- ☐ sie für ihre natürlich erzeugten Lebensmittel einen höheren Preis verlangen. (N)
- ☐ ihre Felder wegen der natürlichen Bewirtschaftung einen höheren Ertrag abwerfen. (L)
- ☐ ihre Kühe viel mehr Milch geben. (S)

Alles klar? Alles richtig? Dann habt ihr das Lösungswort erraten:

___	___	___	___	___	___	___	___
1	2	3	4	5	6	7	8

Wozu wir Wasser brauchen

1. Seht das Bild genau an und schreibt auf, wozu Wasser gebraucht wird.
   Unterscheidet dabei nach folgenden Begriffen:

Gesundheit: __________

Landwirtschaft: __________

Nahrung: __________

Transport: __________

Kühlung: __________

Freizeit: __________

Energiegewinnung: __________

Gletscher formten die Landschaft

1. Stellt euch vor, ihr wäret in der Eiszeit mit einem Flugzeug über die Landschaft geflogen (Schubrichtung des Gletschers). Was hättet ihr gesehen? Ihr könntet so beginnen:

Unter uns liegt ein riesiger Eisgletscher, der sich langsam von Norden nach Südwesten bewegt. Vor dem Gletscher ...

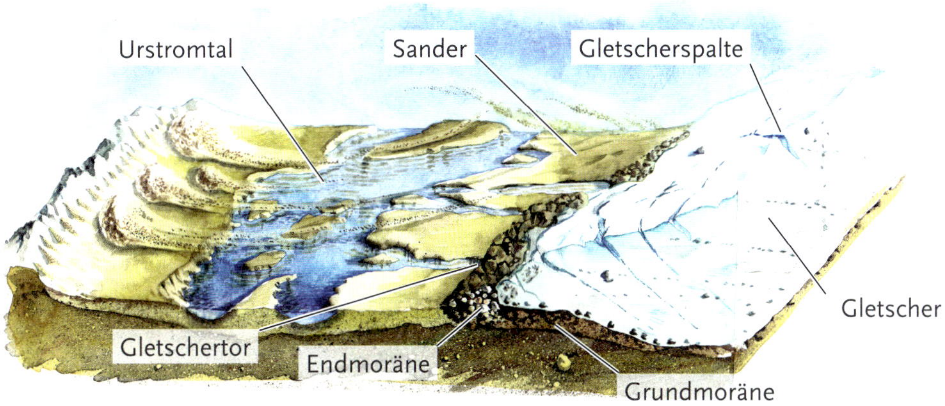

2. Tragt in die Zeichnung der heutigen Landschaft folgende Begriffe an der richtigen Stelle ein:

Grundmoräne | Sander | Endmoräne | Urstromtal

3. Erklärt, warum die Begriffe Gletscher, Gletschertor und Gletscherspalten hier nicht mehr auftauchen.

Küstenformen

1. Beschreibt das Bild der Steilküste. Wodurch werden die Veränderungen hervorgerufen?

2. Stellt euch vor, dass ihr mit einem Helikopter vom Meer über die Flachküste fliegen würdet. Beschreibt:

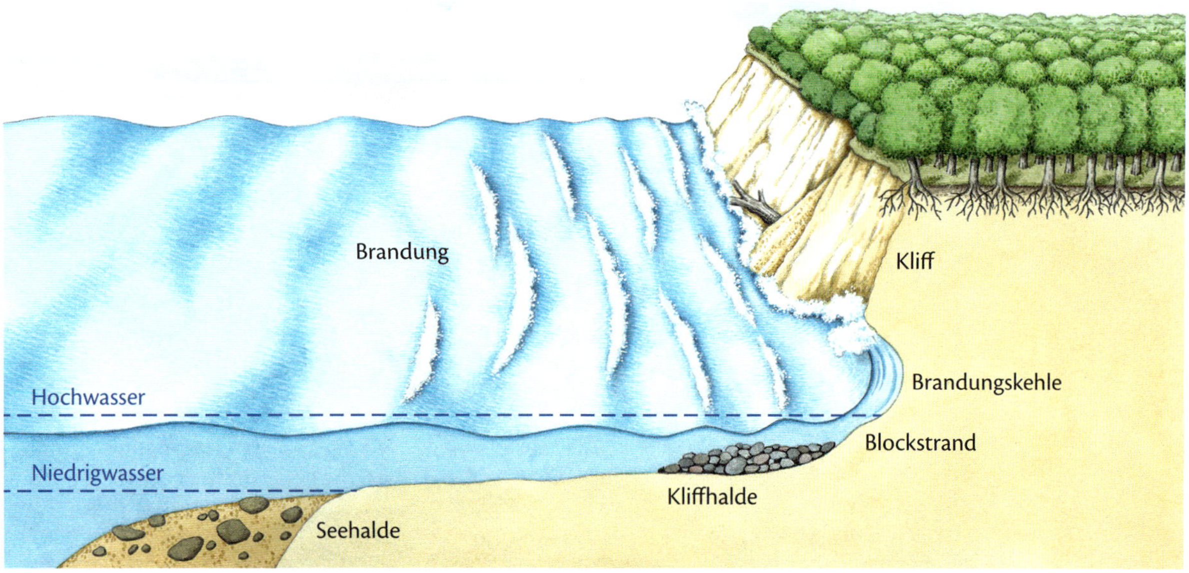

Veränderung der Steilküste

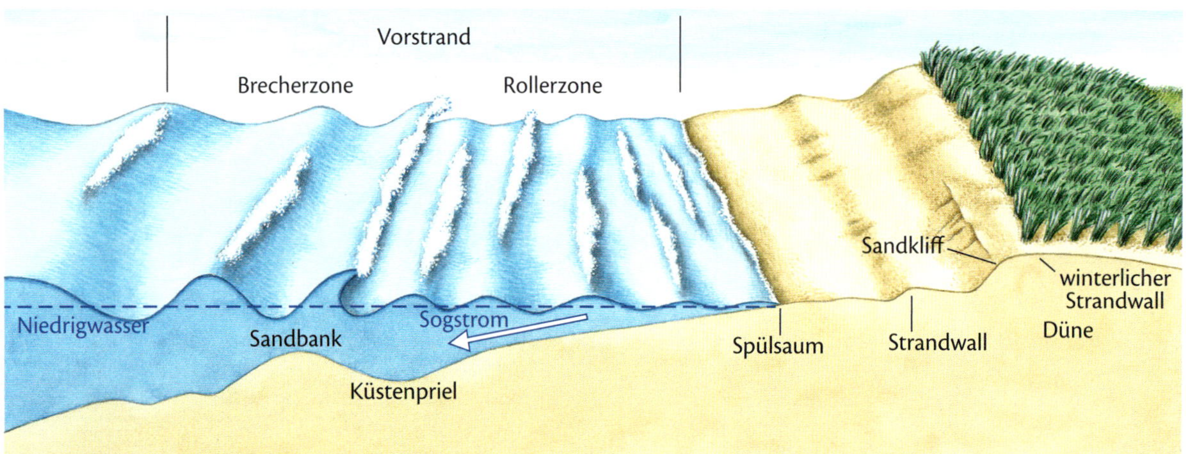

Aufbau der Flachküste

Der Nil – die Jahreszeiten im Alten Ägypten

Nilhochwasser: Jubel in Ägypten

Giseh, 15. Juni im Jahre 12 der Regierung des Pharaos Cheops:

Wie in jedem Jahr haben die Bewohner von Giseh den Eintritt des Nilhochwassers freudig begrüßt. Schon viele Felder sind vom Wasser und vom fruchtbaren Nilschlamm überflutet. Experten rechnen bis zum Oktober mit einem Hochwasser von acht Metern über dem Normalstand. Das verspricht eine gute Ernte. Aber bis dahin ist noch lange Zeit. Erst einmal wird das Wasser für drei Monate unser Land in einen riesigen See verwandeln. Das ist die Zeit, in der die Bauern auf den Baustellen unseres großen Pharaos arbeiten dürfen. Dann kann die Aussaat beginnen. Erst im Februar des nächsten Jahres kann geerntet werden.

1. Erklärt mithilfe eures Buches oder eines Lexikons, warum die Ägypter alljährlich das Nilhochwasser freudig begrüßten.
2. Tragt über die Zeichnung (unten) die Jahreszeiten Aussaat, Ernte und Überschwemmung in der richtigen Reihenfolge ein.
3. Beschreibt die Arbeiten, die die Bauern in der jeweiligen Jahreszeit erledigten.

Wasserstände des Nils vor 4000 Jahren:

Januar	1,8 m	April	1,0 m	Juli	4,0 m	Oktober	7,9 m
Februar	1,4 m	Mai	0,8 m	August	5,9 m	November	5,1 m
März	1,1 m	Juni	2,1 m	September	7,9 m	Dezember	3,0 m

15. Juni – 15. Oktober

15. Oktober – 15. Februar

15. Februar – 15. Juni

Der Nil – ein vielseitiger Fluss

1. Der Nil war (und ist) ein vielseitiger Fluss.
Das zeigen die verschiedenen Personen, Szenen, Tätigkeiten und Gegenstände auf diesem Bild.
Schreibt jeweils neben die Bilder, was ihr erkennen könnt (zum Beispiel: Tempel oder Landwirtschaft)
Erläutert in einem Satz, wieso der Nil ein vielseitiger Fluss war.

Links und rechts vom Nil

1. Schneidet die Bilder der Gebäude und Figuren aus dem Ausschneidebogen A aus und klebt sie an passender Stelle neben der Karte ein.

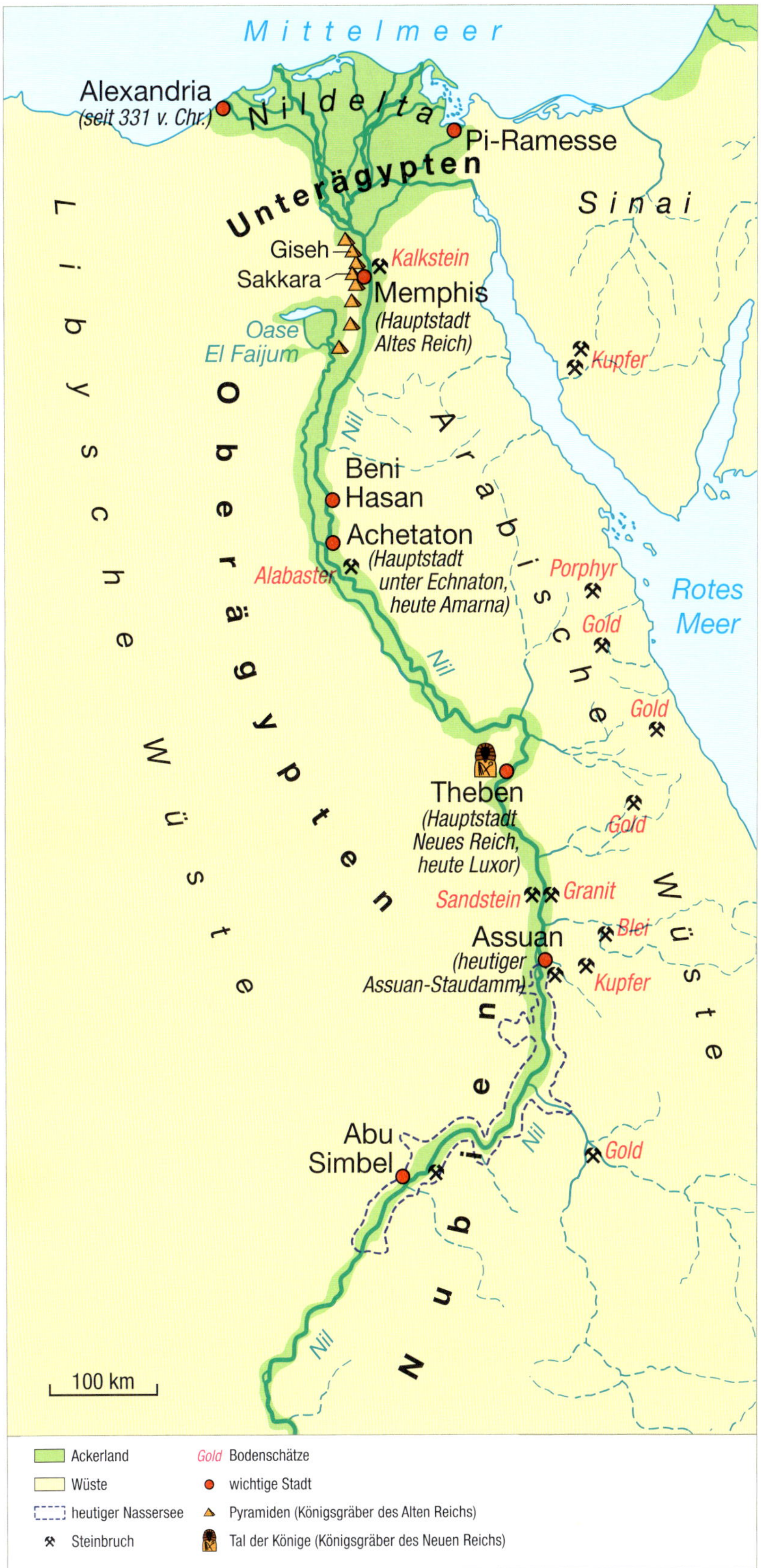

Der Pharao

Im Jahr 1922 entdeckte der englische Archäologe Howard Carter im Tal der Könige, 700 km südlich der ägyptischen Hauptstadt Kairo, das Grab des Pharaos Tutenchamun. Der von Kopf bis Fuß vollständig bandagierten Mumie des Königs war diese Maske über Kopf und Schulter gestülpt.
Sie ist aus reinem Gold getrieben, mit Einlagen von Halbedelsteinen (Lapislazuli, Feldspat, Karneol) und Glas versehen und wiegt 11 kg. Tutenchamun trägt das Königskopftuch mit einem Geierkopf und einer Kobra-Schlange als Schutzzeichen an der Stirn.
Am Kinn ist ein künstlicher Zeremonialbart angebracht. Heute befindet sich die Goldmaske im Ägyptischen Museum Kairo.

1. Seht euch die Seite im Buch an.
   Malt die Maske mit den richtigen Farben an.
2. In einem Museum werden alle Ausstellungsstücke auf Karteikarten registriert. Füllt die Karteikarte unten mithilfe des Textes aus.
3. Wer war Tutenchamun wirklich? Tragt das Ergebnis eurer Nachforschungen in Stichworten hier ein:

Bezeichnung des Fundstücks:	
Standort:	
Fundort:	
Gefunden von:	
Beschreibung	
Gewicht:	
Material:	
Aussehen:	
Jahr der Auffindung:	

Die Hieroglyphen

Die 24 Hauptzeichen

a Geier	a Unterarm	p Hocker	n Wasser	ch Strick	s gefalteter Stoff	k Korb	tj Seil
i, j Schilfblatt	w, o, u Wachtelküken	f Viper	r Mund	ch Tierleib	sch Teich	g Krugständer	d Hand
2 Schilfblätter	b Bein	m Eule	h Hof	s Türriegel	k Sandböschung	t Brotlaib	dj Kobra

Einige Nebenzeichen

i	w, o, u	l

Am Ende eines männlichen Namens – sitzender Mann

Am Ende eines weiblichen Namens – sitzende Frau

Das ägyptische Alphabet (angegeben sind die Bildbedeutung und die Aussprache)

1. Entschlüsselt die beiden Namen, die hier in Hieroglyphen dargestellt sind.

← Leserichtung

2. Schreibt den eigenen Namen in Hieroglyphen.

Kleine Götterkunde

Die Religion spielte im Leben der Ägypter eine große Rolle. Gesundheit und Krankheit, gute oder schlechte Ernten – in allen Lebensbereichen fühlten sich die Menschen von der Gunst der Götter abhängig. Die Ägypter stellten sich die Götter als Tiergestalten (zum Beispiel Löwen, Falken) oder in Mischgestalten (halb Mensch – halb Tier) vor. Dadurch sollte etwas über das Wesen der Götter ausgesagt werden (zum Beispiel Löwe = Stärke). Ein Gott konnte mehrere Bedeutungen haben. So galt zum Beispiel Thot als Gott des Mondes, der Wissenschaft und als Schreiber der Götter. Neben den Hauptgöttern gab es eine Vielzahl von Lokalgöttern, die nur an bestimmten Orten verehrt wurden.

1. Schneidet die Götterbilder aus dem Ausschneidebogen B aus, lest die Beschreibungen der einzelnen Götter und klebt die Bilder unter die Texte.

Osiris Gott des jenseits, er führt den Vorsitz im Totengericht. Er ist meist wie ein Pharao mit Krone, Krummstab und Geißel dargestellt.	**Isis** Sie ist die Frau von Osiris. Sie galt als Vorbild aller Mütter und Schutzherrin der Kinder. Isis ist an einer Thron-Hieroglyphe auf dem Kopf erkennbar.	**Amun-Re** Der Sonnengott Amun-Re galt den Ägyptern als Schöpfer der Welt. Er wird mit einem Falkenkopf und einer Sonnenscheibe dargestellt.

Anubis Er gilt als Gott der Einbalsamierung und überwacht im Totengericht den Wiegevorgang. Er hat den Kopf eines Schakals.	**Hathor** Göttin der Liebe. Sie wird oft in Gestalt einer Kuh mit einer Sonnenscheibe zwischen den Hörnern dargestellt.	**Horus** Der Sage nach ist er der Sohn von Isis und Osiris. Er ist als Falke dargestellt und trägt die doppelte Königskrone. Horus ist der Schutzgott des Pharaos.

Fischer ahoi!

Die Gewässer der Europäischen Union gehören zu den am stärksten befischten Gewässern weltweit. Aber auch weit weg von ihren europäischen Heimathäfen sind europäische Fischer mit ihren Fabrikschiffen unterwegs. Es droht eine Gefahr der Überfischung von Gewässern. Auf den Fabrikschiffen wird Fisch gefangen, verarbeitet, verpackt und eingefroren.

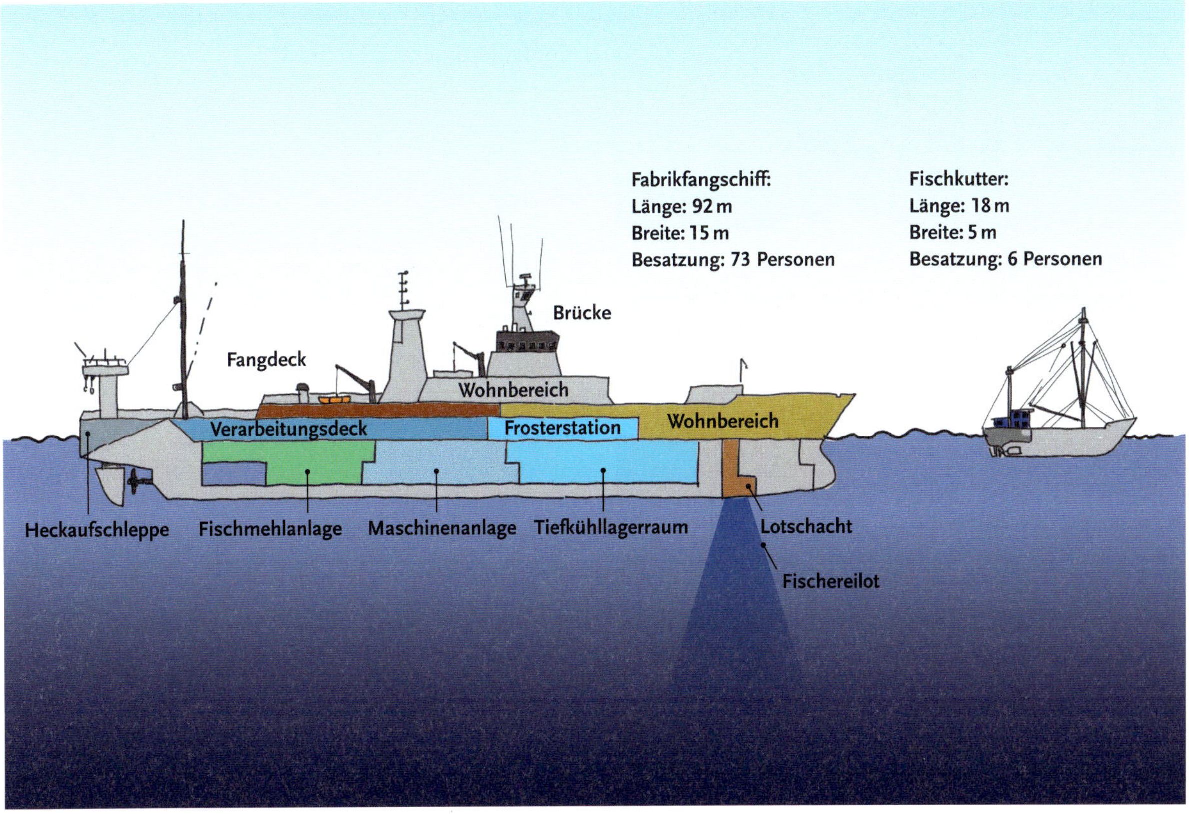

1. Ergänzt die Lücken im Text mit den folgenden Wörtern:

aufgenommen | einer | Fanggebieten | Fabrikschiffe | Fangsaison | Fischereiboot | gesamte | größer | länger | verarbeiteten

Im Vergleich zu früheren Zeiten sind die Mengen des gefangenen Fisches heute deutlich ____________ und die Fahrten zu den ____________ dauern heute wesentlich ____________ . Moderne ____________ können in ____________ Stunde mehr verarbeiten, als ein übliches ____________ im 16. Jahrhundert in einer kompletten ____________ an Bord holen konnte. Für den Fall, dass nicht der ____________ Fang in das Fabrikschiff ____________ werden kann, gibt es Versorgungsschiffe. Sie übernehmen dann den bereits ____________ Teil einer Ladung und bringen ihn vorab zum Hafen.

2. Überlegt, was mit einer „Gefahr der Überfischung" gemeint ist.

____

____

____

____

____

Güterumschlag im Hamburger Hafen

1. Ordnet die folgenden Güter der speziellen Art des Güterumschlags zu:

LKW | Kohle | Kisten mit Maschinen | Stahlbehälter mit Kunststoffteilen | Erdöl | Sand | Getreide | Stahlbehälter mit Lebensmitteln | Säcke mit Kaffee | Eisenbahnwaggons | Ballen mit Baumwolle | Erze | Stahlbehälter mit Möbeln | Futtermittel | PKW

1. Containerumschlag

Containerbrücke, 50 m hoch

2. Stückgutumschlag

Fahrbarer Kran und Gabelstapler

3. Roll-on-Roll-off (RoRo)-Umschlag

Rampe

4. Greifgutumschlag

Fahrbare Verladebrücke, Greifer

5. Saugumschlag

Saugheber, Silo

2. Beschreibt die Vorteile eines Containers:

Stahlbehälter
Länge: 6 m oder 12 m
Breite: 2,44 m
Höhe: 2,6 m

Arbeit mit dem Stadtplan

1. Findet folgende Punkte und gebt ihre Lage im Plan an (zum Beispiel A2, B1 usw.)

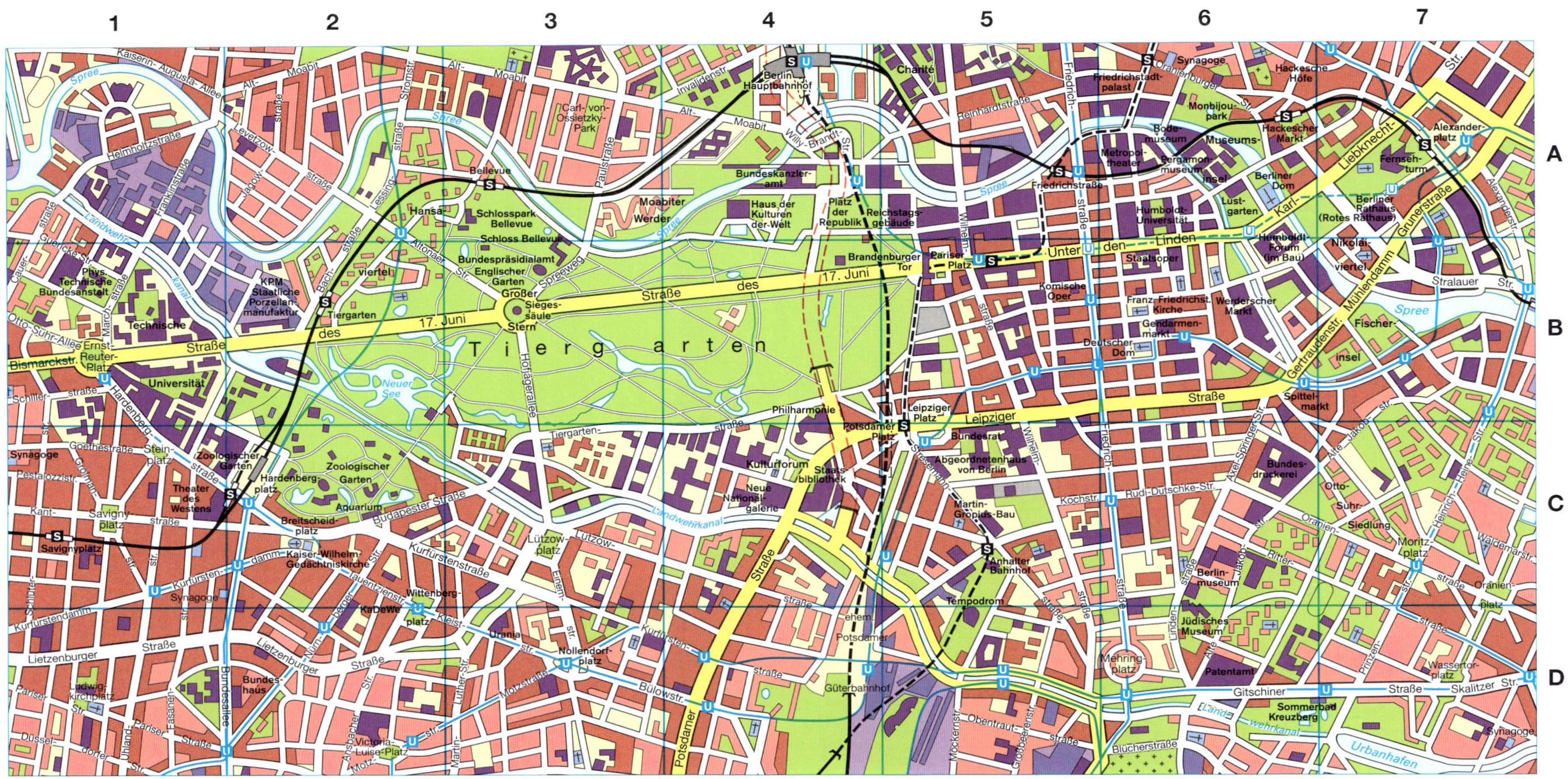

1. Nicolaiviertel	______	3. Kaiser-Wilhelm-Gedächtniskirche	______	5. Lustgarten	______	7. S-Bahn-Haltestelle Bellevue	______
2. Alexanderplatz	______	4. Fernsehturm	______	6. Ernst-Reuter-Platz	______	8. Pergamonmuseum	______

Postdam: Einen Weg richtig beschreiben

Sandra hat einen Anruf von ihrer Freundin Samira bekommen. Die beiden Mädchen hatten gemeinsam die Grundschule in Berlin besucht. Inzwischen ist Sandra nach Potsdam umgezogen.

Samira möchte Sandra in Potsdam besuchen und dafür die Bahn nutzen. Zunächst wollte Sandra zum Bahnhof Potsdam-Stadt fahren, um Samira abzuholen. Aber die beiden Freundinnen haben sich überlegt, dass Samira selbst den Weg zur Wohnung ihrer Freundin in der Türkstraße finden will. Sandra soll Samira aber ganz genau aufschreiben, wie sie zu Sandras Wohnung findet.

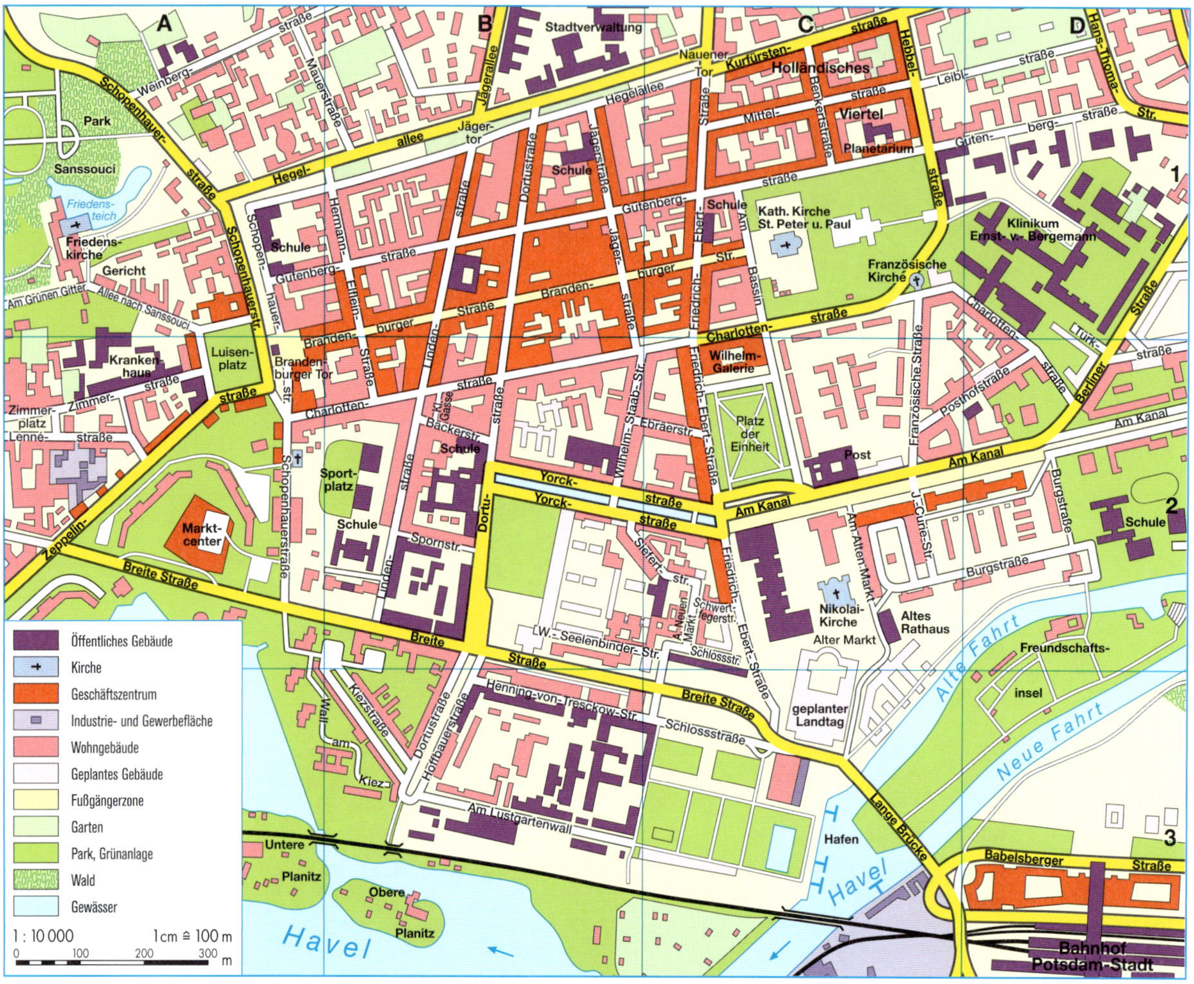

1. Beschreibt den Weg, den Samira gehen muss, um zu Sandras Wohnung zu kommen:

1. Vom Bahnhof nach links der Babelsberger Straße folgen,
2. dann über die
3.
4.
5.
6.
7.

Ausschneidekärtchen für AB 6

Ausschneidekärtchen für AB 29

Pyramiden von Gieseh

Säulenhalle im Karnak-Tempel

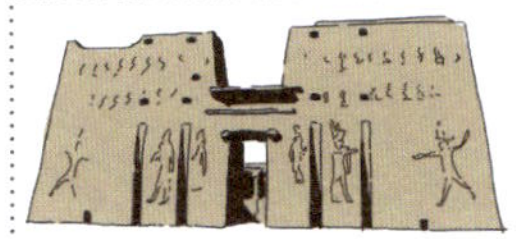

Horus-Tempel von Edfu

Felsentempel Ramses II. in Abu Simbel

Maske von Tutenchamun aus dem Tal der Könige in Theben-West

Figur von Echnaton und Nofretete aus Amarna

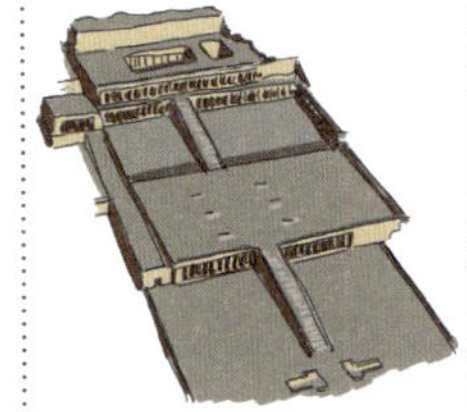

Tempel der Pharaonin Hatschepsut in Theben-West

Ausschneidekärtchen für AB 63

Ausschneidekärtchen für AB 32

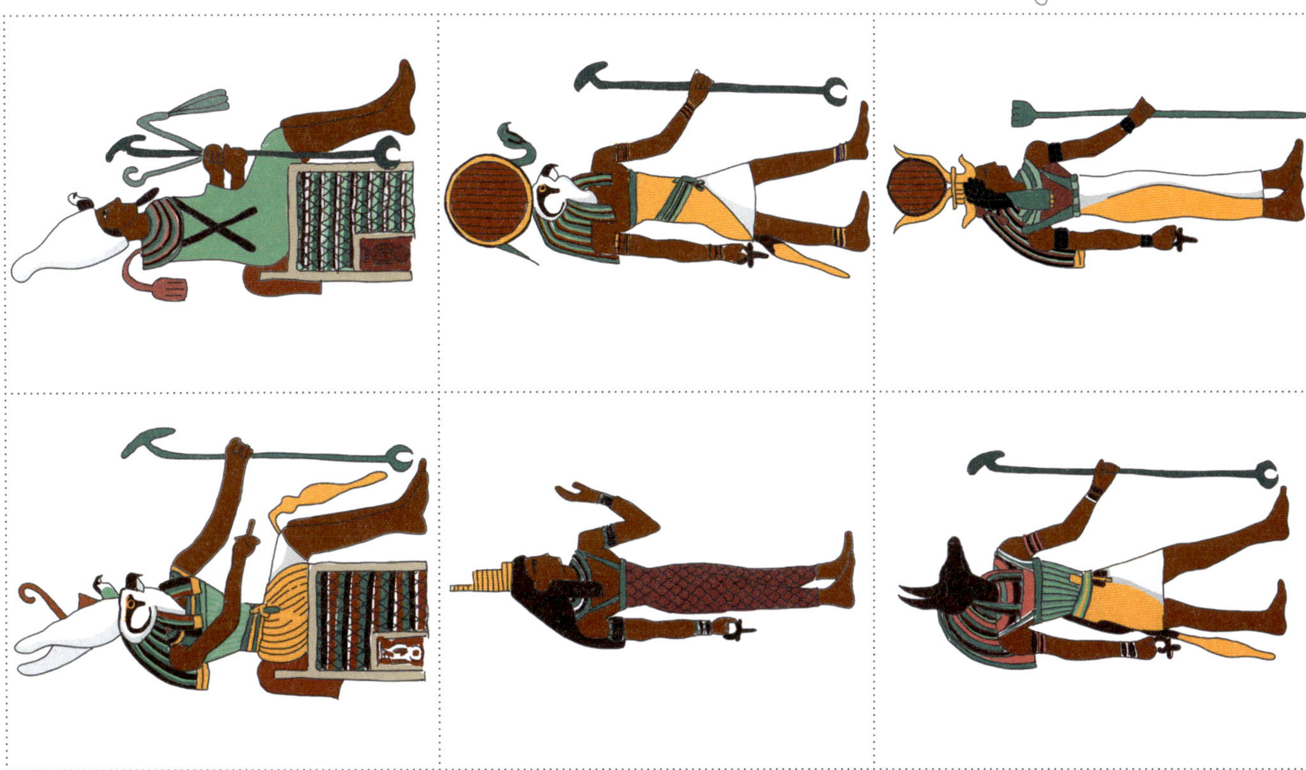

Archäologen entdecken alte Städte 1

Seit fast 10 000 Jahren leben Menschen nicht nur in kleinen Siedlungen auf dem Land. Kleinere und größere Städte entstehen und entwickeln sich – heute nicht anders als früher. Doch warum entstehen an einem bestimmten Ort Städte – an anderen aber nicht?

Çatal Hüyük
Eine der ältesten Städte der Welt entstand in Anatolien/Türkei, vermutlich ab 7400 v. Chr. Archäologen haben begonnen, die Siedlung aus der Jungsteinzeit auszugraben.

1. Beschreibt die Modelle der Stadt Çatal Hüyük.

____

____

____

____

2. Vernutet Gründe, welche die Menschen veranlasst haben könnten, diese Siedlung zu errichten und zu bewohnen.

____

____

____

____

Archäologen entdecken alte Städte 2

Seit einigen Jahrzehnten graben Wissenschaftler in Çatal Hüyük. Aus der Lage der Mauern, aus Fundstücken, Resten von Wandbildern, Knochenfunden, Nahrungsresten usw. versuchen sie, das Leben der Menschen in der Stadt zu rekonstruieren, das heißt, den ursprünglichen Zustand zu verstehen und nachzubilden.

1. Erklärt, was auf dem Bild von der Arbeit der Archäologen zu sehen ist.

Das wurde bisher herausgefunden:

- Die Häuser wurden lückenlos aneinander gebaut; manchmal um kleine Innenhöfe herum.
- Stadtmauern, Tore, Plätze und Straßen fehlten.
- Die Häuser wurden aus Lehmziegeln gebaut.
- Der Einstieg in die Wohnungen erfolgte über die Dächer; es gab keine Türen und Fenster, aber Öffnungen zu den Innenhöfen.
- Einige Räume dienten Stier- und Geier-Kulten. Es fehlen Tempel und Regierungsgebäude.
- Die Toten wurden unter dem Fußboden der Wohnungen begraben.
- Die Bewohner lebten vorwiegend vom Ackerbau (Getreide, Linsen, Erbsen und ähnliches) und von der Viehzucht (Schafe, Ziegen, Rinder).
- Die gefundenen Gegenstände (Werkzeuge, Keramik, Stoffe, Schmuck, Spiegel usw.) deuten auf entwickelte Handwerkskunst hin.

2. Notiert Ideen,

a) warum die Stadt auf diese Weise angelegt wurde.

b) weshalb, die Skelette der Toten im eigenen Haus bestattet wurden.

Die römische Villa

1. Beschriftet die römische Villa:

Haustür | Korridor | Laden/Werkstatt | Atrium | Regenbecken | Seitenflügel (2x) | Schlaf-, Wohn- und Wirtschaftsräume | Esszimmer | Gesellschaftsraum | Garten

Römische Spuren in der Sprache

Die Römer hinterließen Zeugnisse aus Handwerk und Kunst, Haus- und Straßenbau, Münzen, Maßen und Gewichten, Wein und Landwirtschaft, Sprache und Schrift. Oft wurde die römische Lebensweise bereitwillig übernommen. Da die Germanen in ihrer Sprache keine Wörter für das Neue und Fremde hatten, benutzten sie die römischen Wörter. Viele sind in unsere Sprache eingeflossen. Die Schrift, in der wir schreiben, verdanken wir ebenfalls den Römern. Auch römische Ziffern benutzen wir manchmal noch heute. Und ihre Sprache, das Latein, lernen manche Kinder bis heute in der Schule.
In der folgenden Erzählung wurden einige Wörter in lateinischer Sprache eingesetzt, die im heutigen Deutsch ganz ähnlich klingen:

Tusnelda, Tochter eines Germanenfürsten, besucht die römische Stadt. Sie ist aufgeregt, ist es doch ihr erster Besuch in einer römischen Stadt.
Was hat sie nicht alles gehört! Von eleganten Häusern, die die Römer **villa** nannten, mit Dächer aus **tegula**. Darin sollten **camera**, **porta** und **fenestra** sein. Zuerst sah sie eine schnurgerade **strata** mit **plastrum** bedeckt. An beiden Straßenseiten hatten sich die Händler niedergelassen, die in **cista**, **saccus** und **corbis** ihre Waren verpackt hatten.
Vor ihr öffnete sich die Straße und sie sah mit staunenden Augen einen großen Platz, auf dem von den Gutshöfen der Umgebung **fructus**, **vinum**, **persicus**, **pirum** und **radicula** angeboten wurden. Zu gerne hätte sie einen Schluck **mustum** getrunken. Aber sie hatte keine römischen **moneta**. Ein Händler schenkte ihr eine **rosa**.

Römisches Erbe in europäischen Sprachen
Aus der lateinischen Sprache leiten sich die romanischen Sprachen ab, die heute in vielen Ländern Europas gesprochen werden, beispielsweise in Frankreich, Italien, Spanien, Portugal und Rumänien.

1. Prüft, welche deutschen Wörter zu den lateinischen Wörtern passen. Schreibt die passenden Wörter in einer Liste zusammen:

Fenster | Wein | Kammer | Rose | Most | Früchte | Pfirsich | Birne | Korb | Radieschen | Geld | Pforte | Straße | Pflaster | Kiste | Sack | Haus | Ziegel

villa	=	Haus
	=	
	=	
	=	
	=	
	=	
	=	
	=	
	=	
	=	
	=	
	=	
	=	
	=	
	=	
	=	
	=	
	=	

Versorgung damals und heute

Straßenbau

1. Vergleicht die Art, wie Straßen gebaut werden. Geht auch auf die Arbeit der Straßenarbeiter ein.

Freizeit-Einrichtungen

2. Spiele unterhalten die Zuschauer. Wo liegt der wesentliche Unterschied zwischen den römischen und den heutigen Spielen?

Öffentliche Toiletten

Römische Toiletten waren kostenlos zu nutzen.

Öffentliche Toiletten kosten häufig eine Gebühr.

3. Nehmt Stellung zur hygienischen Versorgung. Welche Nutzung erscheint euch praktischer und warum? Benennt die Unterschiede, wie intime Verrichtungen in der Öffentlichkeit damals und heute gesehen wurden / werden.

Verantwortung für die Umwelt übernehmen

Grün in der Stadt ist lebenswichtig!

Ausreichend Bäume und begrünte Flächen sorgen dafür, dass das Klima in der Stadt gesünder bleibt. Pflanzen und Bäume produzieren Sauerstoff, den die Menschen für ihre Atemluft benötigen. Außerdem senken sie im Sommer die Temperatur in der Stadt und mildern den Lärm. Und es sieht auch schön aus!

Grundschüler bepflanzen den Vorgarten der Schule

Vom Hundeklo zum Blumenbeet

„Baumscheiben" werden begrünt.

Die eigene Umgebung pflegen: Beispiel Müll beseitigen

Müllsammelaktion im Schulbezirk

„Monstertonne" für Pfandflaschen

1. Seht die Beispiele an. An welcher Aktion würdet ihr euch beteiligen? Begründet eure Entscheidung.

2. Schreibt eine Antwort auf den Einwand eines Schülers, der sagt: „Das soll die Stadtverwaltung mal selbst erledigen!".

3. Entwickelt Ideen und Vorschläge, welche weiteren Aktionen noch denkbar wären.

Stadtteile unter die Lupe nehmen ...

Was macht einen guten Stadtteil aus?
Eine Berliner Zeitung hat versucht, die Stadtteile zu vergleichen.
Dabei hat sie die folgenden Kriterien berücksichtigt:

1. Mietpreise ▸ Kann man die Wohnung auch bezahlen?
2. Grünfaktor ▸ Gibt es Bäume, Parks und Gärten?
3. Ausgehwert ▸ Findet man Kneipen, Cafes, Eisdielen usw.?
4. Infrastruktur ▸ Gibt es gute Schulen, günstige Verkehrsverbindungen, Krankenhäuser, Kindergärten?
5. Architektur ▸ Sind die Häuser schön, praktisch ... gebaut?
6. Familiensinn ▸ Können hier Familien mit Kindern gut leben?
7. Sicherheit ▸ Gibt es gefährliche Gebiete, Kriminalität ...?
8. Weltoffenheit ▸ Können hier Menschen aus unterschiedlichen Herkunftsländern gut leben?

1. Wählt zwei Eigenschaften, die ihr besonders wichtig findet, und begründet eure Entscheidung.

a) ______________________________

____

b) ______________________________

____

2. Welche zwei Eigenschaften interessieren euch weniger? Begründet auch diese Entscheidung.

a) ______________________________

____

b) ______________________________

____

3. Vergleicht die Ergebnisse in der Klasse.

4. Beurteilt euer eigenes Wohngebiet. Was findet ihr gut, was nicht so gut?

gut	nicht so gut

Pendler in Berlin-Brandenburg

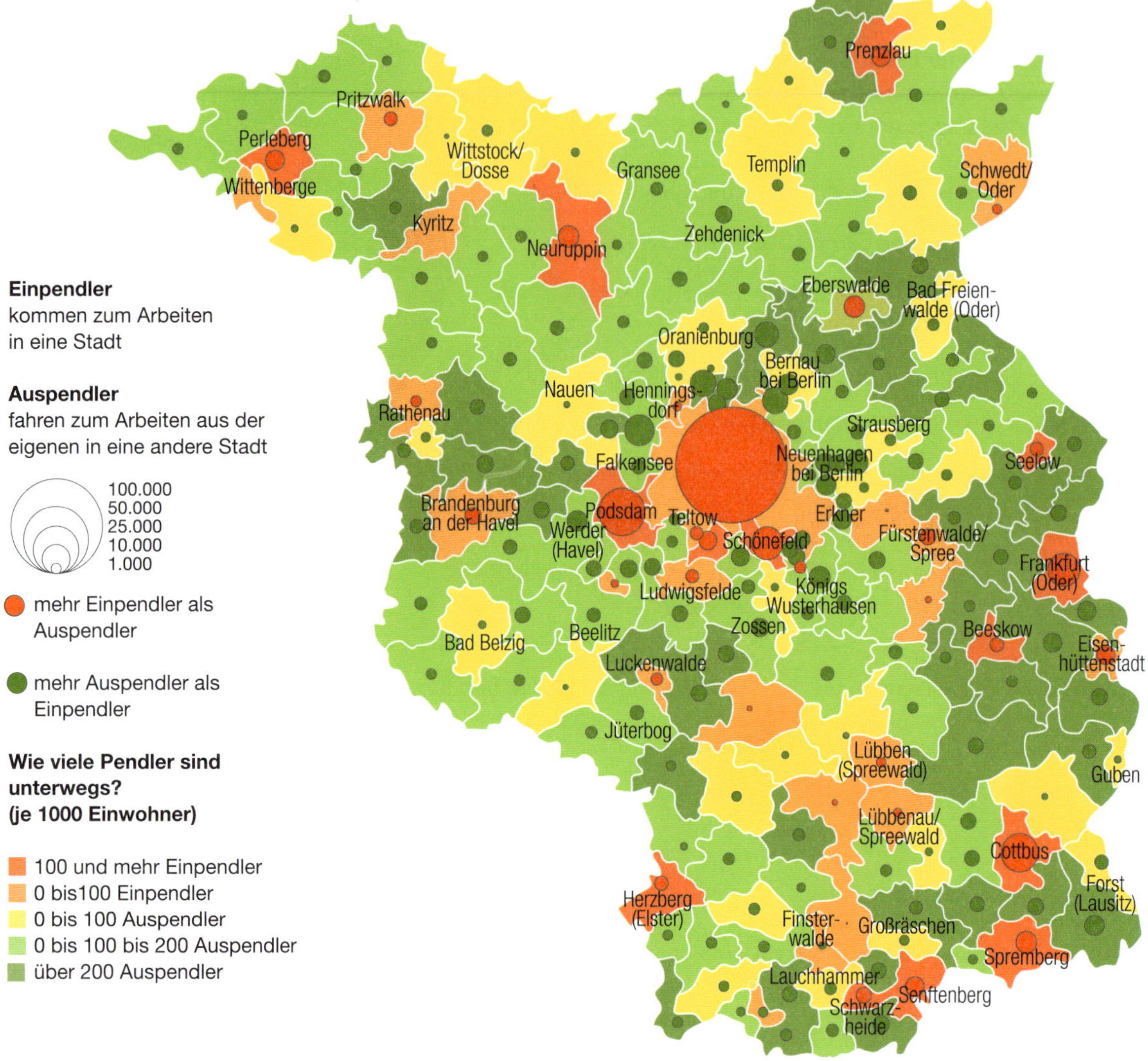

1. Notiert
a) drei Städte, die mehr Einpendler als Auspendler haben:

b) drei Städte mit vielen Auspendlern:

c) Sucht eure Stadt / eure Wohngegend auf der Karte.
Notiert, wie dort die Lage der Pendler ist (wie viele Ein- oder Auspendler je 1000 Einwohner?).

2. Begründet, warum viele Menschen auf das Pendeln angewiesen sind.

3. Viele Pendler nutzen eine Mitfahrgelegenheit. Erklärt den Begriff und welche Vorteile dies hat.

Sich auf Streckenplänen für den Nahverkehr orientieren 1

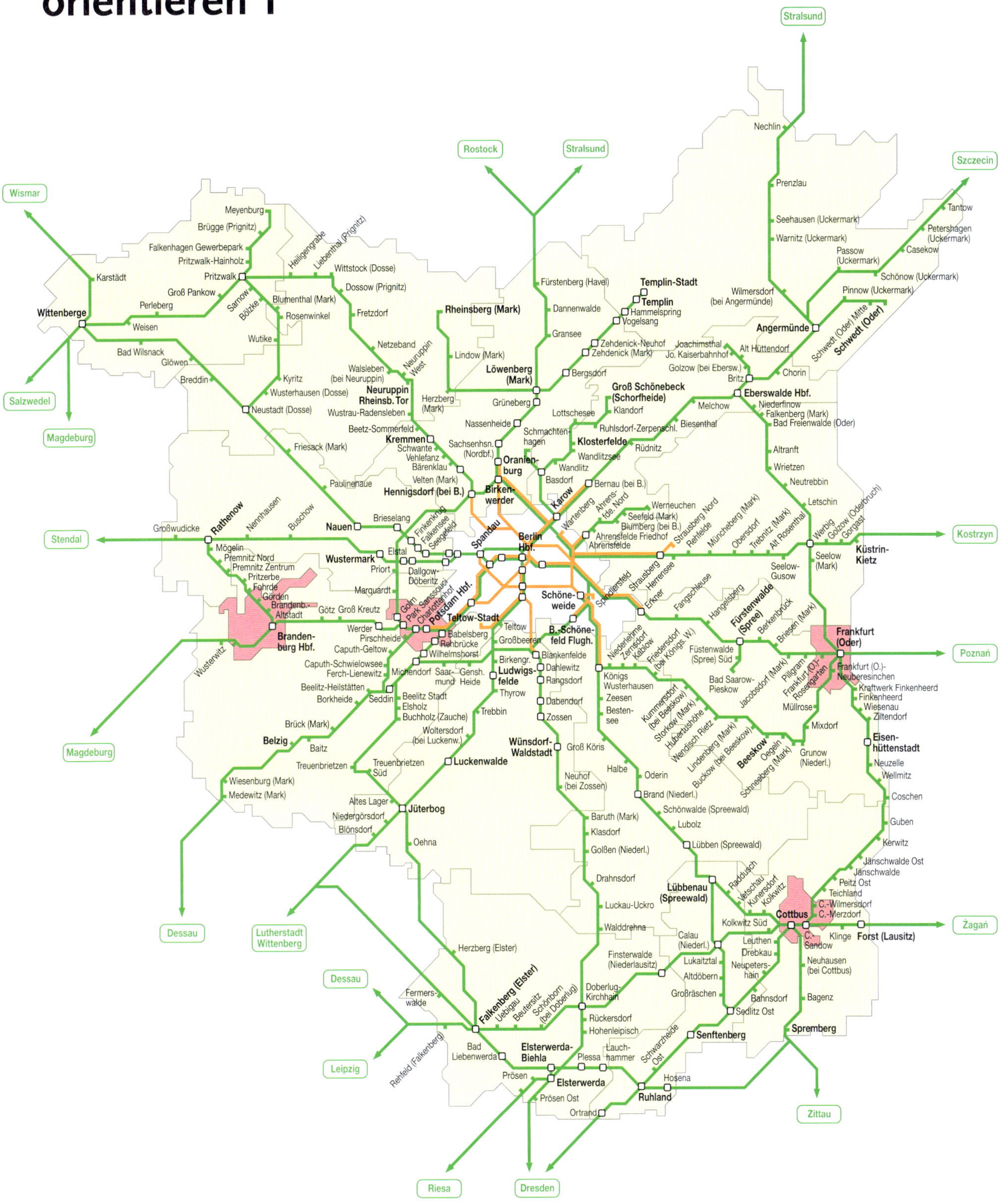

Eisenbahn (Regional- und Fernverkehr)
S-Bahn
Nauen Umsteigebahnhof
Oderin sonstiger Bahnhof
Wismar Fernziel

Landesfläche von Brandenburg (schematisiert)
Fläche einer kreisfreien Stadt in Brandenburg (schematisiert)
Landesgrenze (schematisiert)
Grenze einer kreisfreien Stadt, eines Landkreises (schematisiert)

Sich auf Streckenplänen für den Nahverkehr orientieren 2

Auf Aushängen in den Bahnstationen kann man Pläne finden, die das gesamte Netz der Regionalbahnen in Berlin und Brandenburg abbilden. Mit den Regionalzügen der Eisenbahn, den S- und U-Bahnen kann man – abseits des Autoverkehrs – seinen geplanten Zielort erreichen.

1. Bestimmt mithilfe des Streckenplans der Eisenbahn und der S-Bahn die folgenden Fahrtrouten.

a) Eine Klasse aus Jüterbog plant einen Ausflug in die Landeshauptstadt Potsdam.

Wie viele Stationen liegen zwischen Abfahrts- und Zielort? ________
Notiert die Zwischenstationen.

b) Katis Mutter fährt von Königswusterhausen nach Templin-Stadt zur Arbeit.

Wie viele Stationen liegen zwischen Abfahrts- und Zielort? ________
Notiert die Zwischenstationen.

c) Anton wohnt in Neuruppin-West und will seine Oma in der Altstadt von Brandenburg besuchen.

Wie viele Stationen liegen zwischen Abfahrts- und Zielort? ________
Notiert die Zwischenstationen.

d) Eine Familie aus Beeskow plant einen Ausflug nach Berlin und fährt bis zum Hauptbahnhof.

Wie viele Stationen liegen zwischen Abfahrts- und Zielort? ________
Notiert die Zwischenstationen.

Bahnverbindungen im Internet suchen
Die Suche im Internet bietet zwei wichtige Vorteile:
- man kann den Streckenplan herunterladen und die gesuchte Fahrtroute vergrößert ansehen und
- über die Suchmaske der VBB kann man die passenden, gewünschten Abfahrtszeiten finden

Stadt und städtische Vielfalt – Gewinn oder ein Problem?

Im Buch habt ihr Vieles über die Stadt erfahren. Auf diesem Arbeitsblatt könnt ihr noch einmal zusammengetragen, welche Vorzüge und Nachteile das Leben in der Stadt haben kann. Dazu nehmen zwei Personen Stellung, besonders ist aber eure Meinung gefragt.

A „Das Leben in der Stadt ist schön!“
Herr Bauer: „Hier finde ich viele Angebote und Vorteile, die ich in kleineren Städten oder Dörfern nicht hätte ...“

1. Nennt positive Angebote, die man oft in der Stadt finden kann:

____

____

B „Städte schaffen auch Probleme für die Umwelt“
Frau Mertens: „Ich überlege, aus der Stadt wegzuziehen. Hier ist mir das Leben zu laut und zu hektisch ...“

2. Lest, worüber sich die Personen in der unten stehenden Sprechblasen beklagen.

3. Ordnet die den Umweltproblemen zu, die in der Stadt entstehen:
a) Bodenversiegelung durch Straßenbau und Pflasterung: Sprechblase ☐
b) Luftverschmutzung: Sprechblase ☐
c) Lärm: Sprechblase ☐
d) Naturzerstörung durch Bauen: Sprechblase ☐

4. Notiert eure abschließende Meinung. Wo würdet ihr gern leben und warum?

____

____

____

____

Selbst nachts donnern hier die Autos durch. Wir können durch den Krach kaum schlafen.

1

2

Aller Regen geht als Abwasser weg. Es ist einfach zu viel Fläche zugebaut!

3

Mein Asthma wird immer schlimmer. Wir müssen an den Stadtrand ziehen.

4

Jetzt ist der kleine Park auch noch mit Häusern zugebaut. Kein Baum und kein Strauch ist mehr da!

Mega-Städte der Gegenwart

1. Ergänzt in der Karte die folgenden Mega-Städte:

New York | São Paulo | Moskau | Tokio | Mumbai

2. Sucht im Atlas vier Mega-Städte und gebt die Fundstelle an (Koordinaten, Seitenzahl):

____

____

____

____

3. In welchem Kontinent liegen die Mega-Städte? Ergänzt die Tabelle.

Staat	Stadt	Einwohner (in Mio.)	Kontinent
Japan	Tokio	37,843	Asien
Indonesien	Jakarta	30,539	
Indien	Delhi	24,998	
Philippinen	Manila	24,123	
Südkorea	Seoul	23,480	
China	Shanghai	23,416	
Pakistan	Karatschi	22,123	
China	Peking	21,009	
USA	New York	20,630	
China	Guangzhou	20,597	
Brasilien	São Paulo	20,365	
Mexiko	Mexiko-Stadt	20,063	
Indien	Mumbai	17,712	
Japan	Osaka	17,444	
Russland	Moskau	16,170	
Bangladesch	Dhaka	15,669	
Ägypten	Kairo	15,600	
USA	Los Angeles	15,058	
Thailand	Bangkok	14,998	
Indien	Kalkutta	14,667	

Kindheit, Familie, Erziehung in der Antike

In den beiden griechischen Städten Athen und Sparta wurden Kinder unterschiedlich erzogen.

1. Ordnet die folgenden Sätze den Städten Athen oder Sparta zu. Tragt sie in die Tabelle ein:

- Es galt als wichtig, mit wenig Essen und Trinken auszukommen.
- Mädchen erhielten Gesang- und Tanzunterricht, wurden aber auch im Kampf trainiert.
- Nach der schulischen Ausbildung lernten die Jungen den Beruf des Vaters, meistens ein Handwerk oder in der Landwirtschaft.
- Die Jungen aus reichen Familien gingen oft länger zur Schule und besuchten das „Gymnasion".
- Ab dem siebten Lebensjahr lebten die Jungen nicht mehr bei ihrer Familie, sondern in einer Gruppe von Gleichaltrigen.
- Mädchen waren von der Schulbildung ausgeschlossen und wurden im Alter von etwa 15 Jahren verheiratet.

Kindheit in Athen	Kindheit in Sparta

Kindheit in Deutschland nach dem Krieg

Gegen Ende des Krieges und in der Nachkriegszeit waren viele Städte zerstört.

1. Lest die Seiten im Buch und ergänzt die Lücken.

a) Der Zweite Weltkrieg dauerte von ____________ bis ____________.

b) Über ____________ Kinder und Jugendliche zogen ohne Wohnsitz umher und mussten sich alleine durchschlagen.

c) Kinder, die ihre Eltern verloren hatten, nannte man auch ______________________________.

2. Befragt ältere Verwandte aus der Familie oder Bekannte, die die Zeit nach dem Zweiten Weltkrieg erlebt haben.

Name: ______________________________

Geburtsdatum: ______________________________

(Klebt hier ein Foto ein)

Foto heute

(Klebt hier ein Foto ein)

Foto damals

a) Über welches Jahr oder welche Jahre in der Nachkriegszeit können Sie / kannst du etwas erzählen?

____

b) Wie alt waren Sie / warst du zu diesem Zeitpunkt? ______________________________

c) Woran erinnern Sie sich / erinnerst du dich aus der Zeit nach dem Krieg?

____

____

____

____

d) Haben Sie / hast du Hunger gelitten?

____

____

e) Gibt es ein besonderes Ereignis aus dieser Zeit, an das Sie sich erinnern / du dich erinnerst?

____

____

____

Vielen Dank für die Antworten!

Kinder haben Rechte

1. Lest den Text.

Auf der ganzen Welt sollen Kinder und Jugendliche die gleichen Rechte haben. Erwachsene haben sich zehn Rechte überlegt, die für alle Kinder gelten sollen. Dazu gehört zum Beispiel das Recht auf Bildung. Aber in vielen Ländern unserer Erde müssen Kinder noch immer Kinderarbeit leisten und können nicht zur Schule gehen. Es gibt auch Länder, wo Krieg herrscht und die Kinder schlecht versorgt sind. Sie bekommen nicht genügend Nahrung und keine Impfungen.

2. Um welche Kinderrechte geht es im Text? Markiert die Rechte im Text. Schreibt drei Kinderrechte auf.

Recht auf ______________________________

____

____

3. Löst das Rätsel. Die markierten Kästchen ergeben von oben nach unten gelesen ein Lösungswort.

Schutz | Fürsorge | Information | Krieg | Gesundheit | Bildung | Freizeit | Spiel | Behinderung | Gleichheit | Betreuung | Flucht

										G					
			B					D		R		N	G		
					I			O			A		I		N
				I			U		G						
					L			C	H		E		T		
				F		R	S			G					
					T	R			U	N	G				
			S				L								
					S			U		Z					
G							E	I	T						
	F				H	T									
				F			I		E	I					

Das Lösungswort heißt:

_ _ _ _ _ _ _ _ _ _ _ _

Kinder mit Behinderung

Die UN-Kinderrechtskonvention sagt: Behinderte Kinder brauchen einen besonderen Schutz und besondere Förderung, damit sie genauso leben können wie andere Kinder. Diese Kinder haben eine oder mehrere Behinderungen. Sie sind zum Beispiel von Geburt an taub oder blind oder es durch eine Krankheit geworden. Oder sie hatten einen schweren Verkehrsunfall, sind seitdem gelähmt und müssen in einem Rollstuhl sitzen. Der Staat muss alle nötigen Mittel für Erziehung, Bildung, Ausbildung und Gesundheitsdienste zur Verfügung stellen, damit behinderte Kinder möglichst mit den nicht behinderten Kindern zusammen aufwachsen können.

1. Schreibt verschiedene Behinderungsarten auf.

2. Beschreibt in einem Satz den Unterschied zwischen einer Behinderung und einer Krankheit.

3. Versetzt euch in die Lage eines Kindes auf den Abbildungen. Beschreibt in der Ich-Form die Gedanken, Gefühle, Probleme und Wünsche, die das Kind haben könnte.

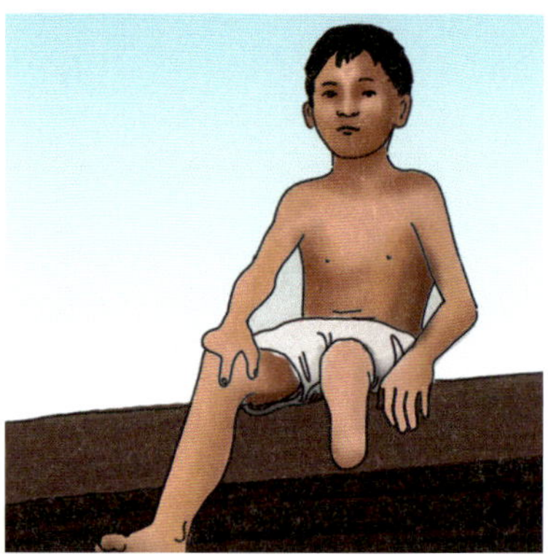

Es gibt viele Kinder in Kambodscha, die durch Minen verletzt wurden.

Manche Kinder kommen mit einer schweren geistigen Behinderung und einer Sprachstörung zur Welt.

Fragen zur Hilfe:
Wer bin ich?
Wie sehe ich aus?
An was denke ich gerade?
Welcher Erlebnisse liegen hinter mir?
Was wünsche ich mir?

Kinderarbeit in der Antike und im Mittelalter

Schon in der Antike vor über 2000 Jahren und im Mittelalter (circa 500 bis 1500 nach Christus) mussten die meisten Kinder bei den verschiedensten Arbeiten helfen.

1. Lest noch einmal die Seiten im Buch und kreuzt an:

	richtig	falsch
In der Antike		
Es war normal, dass Kinder arbeiten mussten.	☐	☐
Ein Kind konnte jeden Beruf lernen, wenn es sich nur in der Schule genug anstrengte.	☐	☐
Der Sohn oder die Tochter eines Sklaven gehörte automatisch dem Sklavenbesitzer.	☐	☐
Im Mittelalter auf dem Land		
Kinder mussten etwa ab dem zwölften Lebensjahr in der Landwirtschaft helfen.	☐	☐
Es war eher eine Ausnahme, dass Kinder bei den schweren Arbeiten mithelfen mussten. Im Sommer brauchten die Kinder nicht zu helfen.	☐	☐
In dieser Zeit hatten sie Zeit für sich zum Spielen.	☐	☐
Der Arbeitstag im Sommer dauerte oft weit über zwölf Stunden.	☐	☐

	richtig	falsch
Handwerkerausbildung in der Stadt		
In den Städten gingen die meisten Kinder zur Schule.	☐	☐
Nach der Schule machten fast alle Kinder eine Berufsausbildung.	☐	☐
Ein Jugendlicher, der ein Handwerk lernte, verdiente schon etwas Geld in der Ausbildung.	☐	☐
Ein Lehrling begann seine Ausbildung ähnlich wie heute etwa im Alter von 16 Jahren.	☐	☐
Die Eltern eines Lehrlings mussten an den Handwerksmeister „Lehrgeld" für die Ausbildung bezahlen.	☐	☐
Eine Handwerkerausbildung konnte bis zu acht Jahren dauern.	☐	☐

2. Seht euch noch einmal die Bilder auf den Seiten 148/149 an.
Zählt Arbeiten auf, die von Kindern verrichtet werden.

Kinderarbeit während der Industrialisierung

1. Besonders hart und gefährlich war die Arbeit von Kindern, die im Bergbau eingesetzt wurden. Tragt die Zahlen in die Darstellung ein.

1 = Schornstein einer Industrieanlage | 2 = Lore zum Transport von Kohlen | 3 = der Förderschacht | 4 = „unter Tage" | 5 = „über Tage" | 6 = Losschlagen von Kohle

Kinder arbeiten in einem englischen Bergwerk (um 1850)

2. Vervollständigt den Text und verwendet die folgenden Wörter:

„unter Tage" | Kohle | Kohlenstaub | Gängen | Explosionen | Kohlebergwerken | Lokomotiven | Lungenkrankheiten | gefährlich | ungesund

Während der Industrialisierung wurde viel ________________ gebraucht. Die Dampfmaschinen und auch die ________________ brauchten Brennstoff zur Energiegewinnung. Viele Menschen arbeiteten daher in ________________. Man sagt auch, diese Menschen arbeiteten ________________. Die Arbeit in so einem Kohlebergwerk war ________________ und ________________. Die Bergarbeiter atmeten während ihrer Tätigkeit die ganze Zeit ________________ ein. Viele Bergmänner bekamen ________________ und starben früh. Außerdem bestand die Gefahr, dass es zu ________________ kam und die Schächte und Gänge einstürzten. Kinder wurden gern zu Arbeiten in Kohlebergwerken eingesetzt, weil sie weniger Lohn bekamen und sie in schmalen und niedrigen ________________ arbeiten konnten.

Kinderarbeit heute

Kinder haben das Recht, zur Schule zu gehen und eine Ausbildung zu machen. Sie haben aber auch das Recht, zu spielen und sich zu erholen. Natürlich dürfen und sollen Kinder zu Hause mithelfen. Wenn ihr 14 Jahre alt seid, könnt ihr bis zu drei Stunden täglich im Familienbetrieb mitarbeiten oder mit Erlaubnis der Eltern auch für Geld „jobben". Die Arbeit muss jedoch grundsätzlich leicht und für euch geeignet sein. Vor allem darf die Schule aber nicht zu kurz kommen.

1. Kreuzt an, was Kinderarbeit ist.

Kinderarbeit ist, wenn Kinder ...	**ja**	**nein**
... zwölf Stunden am Tag auf einem Feld arbeiten.	☐	☐
... auf die Kinder in der Nachbarschaft aufpassen.	☐	☐
... in einem Steinbruch arbeiten.	☐	☐
... Zeitungen am Wochenende austragen.	☐	☐
... Teppiche knüpfen.	☐	☐
... in einer Fabrik Kleidung nähen.	☐	☐
... auf dem Bauernhof vom Onkel helfen.	☐	☐
... für die Familie einkaufen.	☐	☐

2. Welche Aussagen gehören zusammen? Verbindet die passenden Satzteile.

In vielen sehr armen Familien	dass sie ausgebeutet werden.
Einige Arbeitgeber beschäftigen	weniger als Erwachsene.
Mit Kinderarbeit können Arbeitgeber	müssen Kinder mitarbeiten.
Kinder verdienen	wie gefährlich ihre Arbeit ist.
Kinder können häufig nicht erkennen,	lieber Kinder als Erwachsene.
Kindern ist häufig gar nicht bewusst,	viel Geld verdienen.
Ausbeuterische Kinderarbeit ist	eine Folge extremer Armut.

3. Kommentiert das Foto. Welchen Gefahren sind diese Kinder in Peru ausgesetzt?

Die Kinder arbeiten in ______________________

____

____

Sie müssen ______________________

____

____

Kinder als Soldaten

1. Tragt in die Legende zehn Länder ein, in denen Kinder als Soldaten missbraucht werden. Nutzt dazu die politische Weltkarte im Atlas.

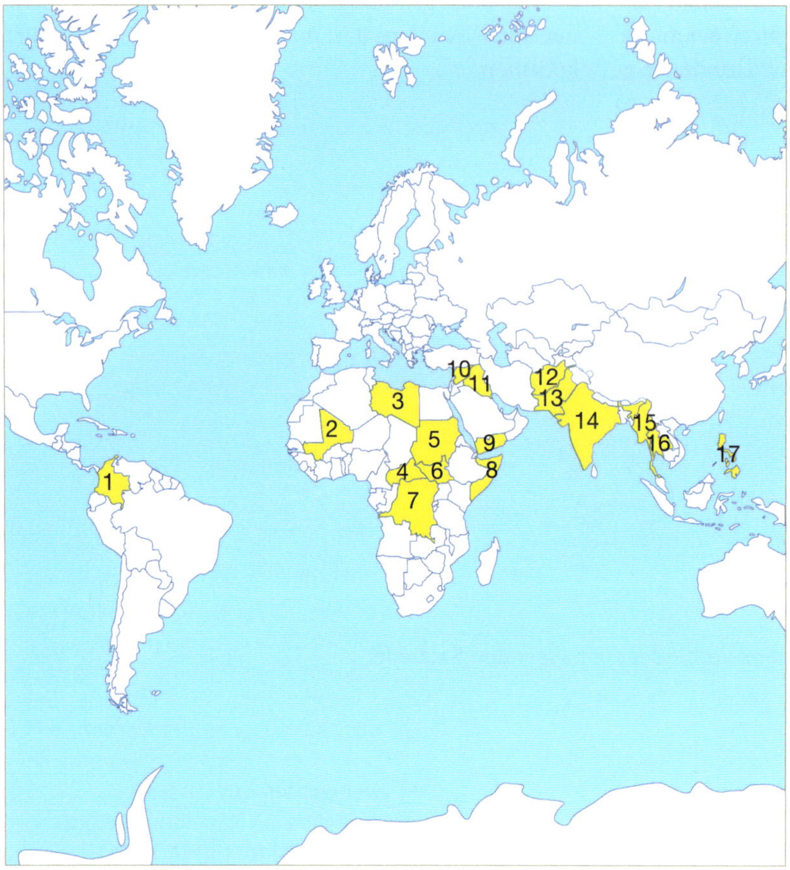

Legende

1. __________
2. __________
3. __________
4. __________
5. __________
6. __________
7. __________
8. __________
9. __________
10. __________

2. Beschreibt, was ein Kindersoldat ist.

3. Erklärt, wie und warum Kinder zu Soldaten werden.

4. Schreibt drei Kinderrechte auf, die verletzt werden, wenn Kinder als Soldaten im Krieg kämpfen. Erklärt einem Partner, warum ihr euch für diese drei Kinderrechtsverletzungen entschieden habt.

Kinder auf der Flucht 1

Weltweit sind ungefähr 60 Millionen Menschen auf der Flucht, unter ihnen auch viele Kinder.

Die Gründe, warum Menschen ihre Heimat verlassen, sind vielfältig, aber eines haben sie alle gemeinsam: Es müssen schon schwerwiegende Gründe sein, wenn sie sie auf Dauer verlassen, denn die meisten Menschen hängen an ihrer Heimat. Viele fliehen vor einem Krieg. Oft erfolgt die Flucht plötzlich und überstürzt, da das Leben unmittelbar in Gefahr ist. Viele Menschen müssen ihre Heimat jedoch auch verlassen, weil ihre politische Meinung den Herrschenden nicht passt oder weil sie aufgrund ihrer Religion unterdrückt und verfolgt werden. All diese Menschen sind zu Flüchtlingen geworden, da ihre Freiheit, ihre Gesundheit oder sogar ihr Leben in Gefahr waren.

1. Tragt in die Legende mindestens fünf Länder ein, aus denen viele Menschen fliehen mussten. Nutzt einen Atlas.

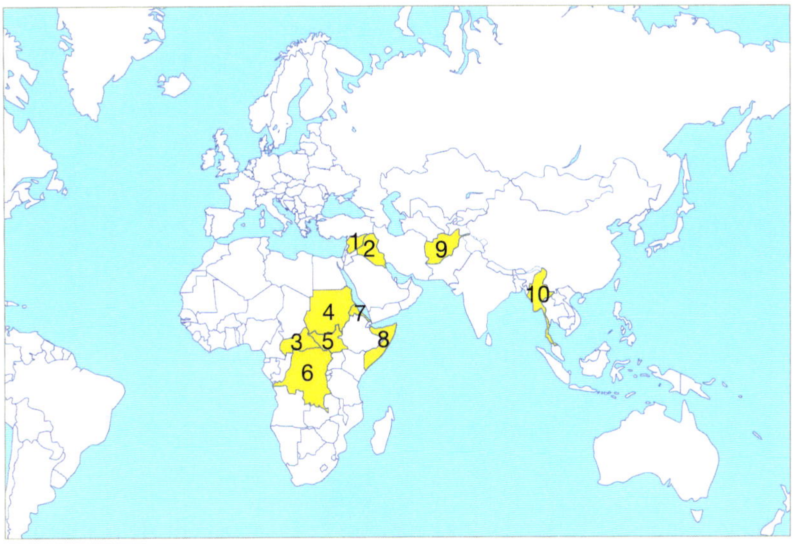

Legende

1. ____________
2. ____________
3. ____________
4. ____________
5. ____________

2. Recherchiert im Internet, warum die Menschen aus diesen Ländern fliehen mussten.

3. Wenn ihr verreist, gibt es sicher etwas, was ihr nach einigen Tagen vermisst: eine bestimmte Person, einen bestimmten Ort, einen besonderen Gegenstand oder einfach das eigene Bett. Dieses Gefühl ist noch schlimmer, wenn man keine Zeit zum Packen hatte, weil Krieg und Gewalt das eigene Leben bedrohen. Stellt euch vor, ihr müsstet ganz plötzlich fliehen. Ihr habt nur einen Rucksack.

a) Was würdet ihr mitnehmen?

____

____

____

b) Was würdet ihr am meisten vermissen?

____

____

____

Kinder auf der Flucht 2

4. Kreuzt an, warum Menschen aus ihrer Heimat fliehen.

- ☐ ... weil in ihrer Heimat Krieg ist.
- ☐ ... weil sie wegen ihrer Religion verfolgt werden.
- ☐ ... weil sie abenteuerlustig sind.
- ☐ ... weil Flüchten ihr Hobby ist.
- ☐ ... weil sie wegen ihrer politischen Meinung verfolgt werden.
- ☐ ... weil sie zu einer Volksgruppe gehören, die in ihrem Land bekämpft wird.
- ☐ ... weil sie gerne fremde Länder sehen möchten.
- ☐ ... weil sie als Kindersoldaten ausgebeutet werden.
- ☐ ... weil sie Hunger haben.
- ☐ ... weil es in ihrer Heimat Tradition ist, Kinder zu beschneiden.

5. Ergänzt weitere Gründe, warum Menschen aus ihrer Heimat fliehen müssen.

6. Versucht, euch in die Lage eines Flüchtlingskindes zu versetzen, das vor dem Krieg in seinem Heimatland nach Deutschland geflohen ist.

Damit es sich hier wohl fühlt, benötigt es:

7. Es gibt viele Menschen, die Vorurteile gegenüber Flüchtlingen haben. Sie glauben, dass diese gar nicht aus Not nach Deutschland kommen und sie hier alles bekommen. Sammelt solche Vorurteile und sucht nach Argumenten, um diese zu entkräften. Führt anschließend in einem Rollenspiel eine Pro- und Kontra-Diskussion durch.

Taya und Tina – zwei Lebensläufe 1

1. Lest die Lebensläufe der beiden Personen.

Taya lebt in Somalia

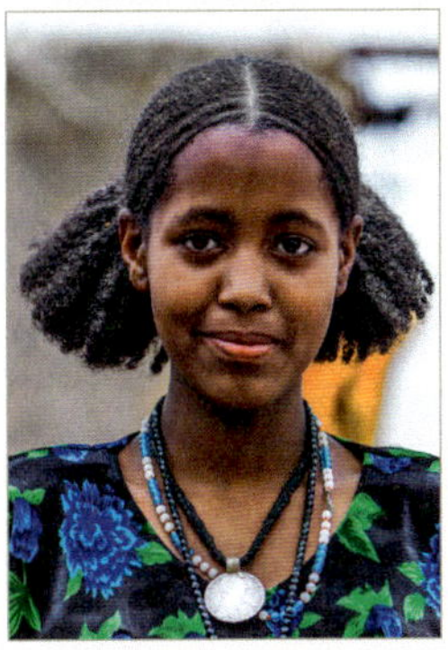

Mit 13 Jahren ...
kann sie weder lesen noch schreiben.
Sie geht nicht zur Schule.
Seit ihre Mutter gestorben ist, muss sie arbeiten und ihre jüngeren Geschwister versorgen.

Mit 17 Jahren ...
ist sie bereits verheiratet.
Bald bekommt sie ihr erstes Kind.
Über Verhütungsmittel hat sie noch nie etwas gehört.

Sie ist 26 Jahre alt ...
und hat bereits fünf Kinder.

Mit 33 Jahren ...
hört sie das erste Mal von den Möglichkeiten der Verhütung.
Sie bekommt keine Kinder mehr.

Mit 36 Jahren ...
wird sie Großmutter.

Im Alter von 47 Jahren ...
stirbt sie an Malaria.

Tina lebt in Deutschland

Mit 13 Jahren ...
besucht sie eine Schule.
Sie kann lesen und schreiben.
Ihr Lieblingsfach ist Musik.
Auch Sexualerziehung ist ein wichtiges Thema im Unterricht.

Mit 17 Jahren ...
geht sie noch zur Schule.
Sie möchte noch keine Kinder.
Sie benutzt Verhütungsmittel.

Sie ist 26 Jahre alt ...
als sie heiratet.
Sie wünscht sich zwei Kinder.

Mit 33 Jahren ...
hat sie zwei Kinder.
Ihre Familienplanung ist damit abgeschlossen.

Mit 36 Jahren ...
beginnt sie wieder, in ihrem Beruf zu arbeiten.

Im Alter von 62 Jahren ...
wird sie Großmutter.
Sie stirbt im Alter von 82 Jahren.

2. Welche Unterschiede gibt es zwischen den beiden Lebensläufen?
Markiert Stellen in den Spalten, die die Unterschiede genau zeigen.

Taya und Tina – zwei Lebensläufe 2

3. Welche Probleme der armen Länder könnt ihr am Beispiel von Taya erkennen? Verbindet.

Taya kann nicht lesen und schreiben, weil sie nicht zur Schule gehen konnte.	fehlende Impfungen, mangelnde Hygiene und ärztliche Versorgung
Sie musste schon sehr früh arbeiten, weil ihre Mutter gestorben ist. Sie musste sich um ihre Geschwister kümmern.	Überbevölkerung, Hungersnot
Sie starb mit 47 an Malaria.	fehlende Sexualaufklärung
Sie bekommt ihr erstes Kind zu früh. Sie hat mit 26 Jahren bereits fünf Kinder.	Kinderarbeit, fehlende staatliche Unterstützung für Familien
Viele Kinder sterben an Hunger und Krankheiten.	Analphabetismus

4. Wählt drei Probleme aus. Erklärt sie mit eigenen Worten. Die Beispiele in der Tabelle helfen dabei. Welche Kinderrechte werden bei den Beispielen verletzt?

Mode-Typen 1

1. Kreuzt an, welcher Mode-Typ zu euch passt.

☐

☐

☐

2. Erklärt, wie wichtig euch Mode und Kleidung sind.

3. Beantwortet nun die Fragen beim Selbsttest „Welcher Mode-Typ bist du?“.
Kennzeichnet euren Entscheidungsweg farbig.

Habt ihr den Selbsttest gemacht? Dann macht nun mit Aufgabe 4 weiter.

4. Welches Ergebnis hat sich beim Mode-Weg ergeben?
Benennt, welcher Mode-Typ ihr seid.

5. Passt das Ergebnis zu eurer Einschätzung vor dem Selbsttest?

☐ ja ☐ nein ☐ teilweise

6. Beschreibt, wie sich das Ergebnis von eurer Einschätzung unterscheidet.

7. Schreibt in ganzen Sätzen, wie wichtig Mode und Kleidung für euch sind und begründet dies.

Mode-Typen 2

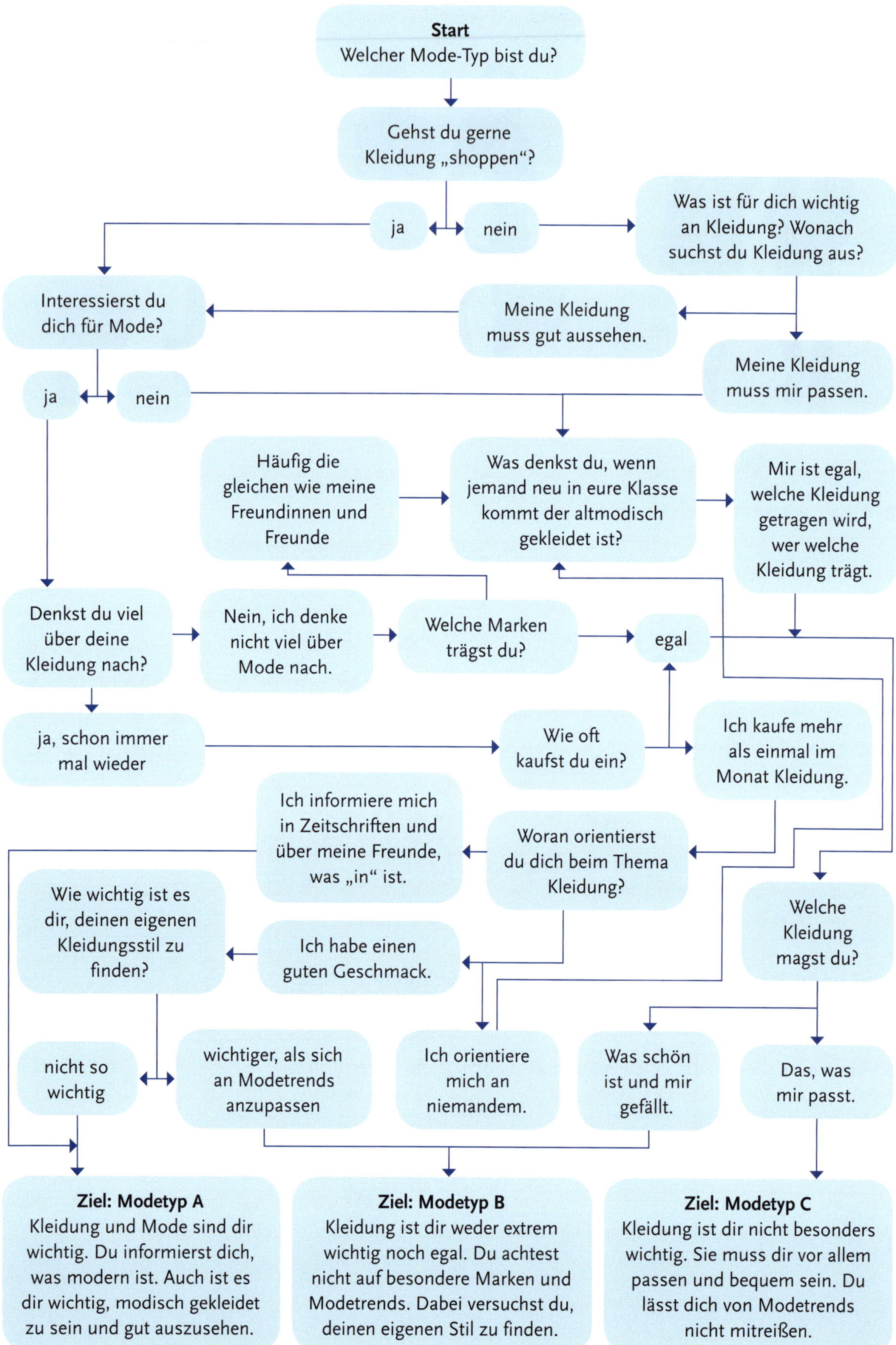
Start
Welcher Mode-Typ bist du?
Gehst du gerne Kleidung „shoppen“?
ja
nein
Was ist für dich wichtig an Kleidung? Wonach suchst du Kleidung aus?
Interessierst du dich für Mode?
Meine Kleidung muss gut aussehen.
Meine Kleidung muss mir passen.
ja
nein
Häufig die gleichen wie meine Freundinnen und Freunde
Was denkst du, wenn jemand neu in eure Klasse kommt der altmodisch gekleidet ist?
Mir ist egal, welche Kleidung getragen wird, wer welche Kleidung trägt.
Denkst du viel über deine Kleidung nach?
Nein, ich denke nicht viel über Mode nach.
Welche Marken trägst du?
egal
ja, schon immer mal wieder
Wie oft kaufst du ein?
Ich kaufe mehr als einmal im Monat Kleidung.
Ich informiere mich in Zeitschriften und über meine Freunde, was „in“ ist.
Woran orientierst du dich beim Thema Kleidung?
Wie wichtig ist es dir, deinen eigenen Kleidungsstil zu finden?
Ich habe einen guten Geschmack.
Welche Kleidung magst du?
nicht so wichtig
wichtiger, als sich an Modetrends anzupassen
Ich orientiere mich an niemandem.
Was schön ist und mir gefällt.
Das, was mir passt.
Ziel: Modetyp A
Kleidung und Mode sind dir wichtig. Du informierst dich, was modern ist. Auch ist es dir wichtig, modisch gekleidet zu sein und gut auszusehen.
Ziel: Modetyp B
Kleidung ist dir weder extrem wichtig noch egal. Du achtest nicht auf besondere Marken und Modetrends. Dabei versuchst du, deinen eigenen Stil zu finden.
Ziel: Modetyp C
Kleidung ist dir nicht besonders wichtig. Sie muss dir vor allem passen und bequem sein. Du lässt dich von Modetrends nicht mitreißen.

Funktionen von Kleidung

1. Kleidet die Personen so, dass die entsprechenden Funktionen passen. Schneidet dazu aus dem Ausschneidebogen B die Kleidungsstücke aus und ordnet sie den passenden Personen zu.

schwitzen

frieren

modisch sein

Funktionen von Kleidung – ein Rätsel

1. Findet neun Begriffe zum Thema Funktionen von Kleidung (senkrecht und waagerecht). Umkreist oder markiert die Begriffe.

A	S	C	H	U	T	Z	P	A	Q	W	R	T
R	F	P	T	K	A	E	L	T	E	E	Z	J
E	V	O	Z	T	R	A	D	I	T	I	O	N
L	B	L	M	K	N	W	R	H	M	K	L	Z
I	P	I	Z	L	U	N	I	F	O	R	M	A
G	Q	Z	R	T	N	J	M	V	B	D	R	S
I	A	E	D	F	G	L	E	I	C	Z	D	K
O	H	I	K	L	P	M	N	B	V	C	X	Y
N	Z	U	S	A	M	M	E	N	H	A	L	T
D	K	E	I	N	S	T	E	L	L	U	N	G

2. Notiert die markierten Begriffe in drei Gruppen.
Schreibt zunächst die Funktion auf, danach jeweils zwei Beispiele.

Funktion	Beispiel 1	Beispiel 2
Schutz		

Werbung auswerten

1. Sucht verschiedene Werbungen in Zeitschriften, Zeitungen, Prospekten. Wählt eine Werbung aus, schneidet sie aus und klebt sie in den Rahmen.

WERBUNG WERBUNG WERBUNG WERBUNG WERBUNG WERBUNG WERBUNG WERBUNG WERBUNG

2. Wertet die Werbung mit der AIDA-Regel aus.

		Hilfsfragen	**Auswertung der Werbung**
A	Attention / Aufmerksamkeit	Wie wird man auf diese Werbung aufmerksam?	
I	Interest / Interesse	Wie werden das Interesse und die Neugier geweckt?	
D	Desire / Wunsch	Wie wird der Wunsch geweckt, das Produkt haben zu wollen?	
A	Action / Handlung: Die Kunden handeln, indem sie das Produkt kaufen.		

Baumwolle

Baumwolle kommt vermutlich ursprünglich aus Indien oder Ägypten. Heute wächst sie in vielen verschiedenen Ländern, wo warmes tropisches bis subtropisches Klima herrscht. In manchen Gebieten zum Beispiel in Indien und den USA wird so viel Baumwolle angebaut, dass man vom Baumwollgürtel spricht.

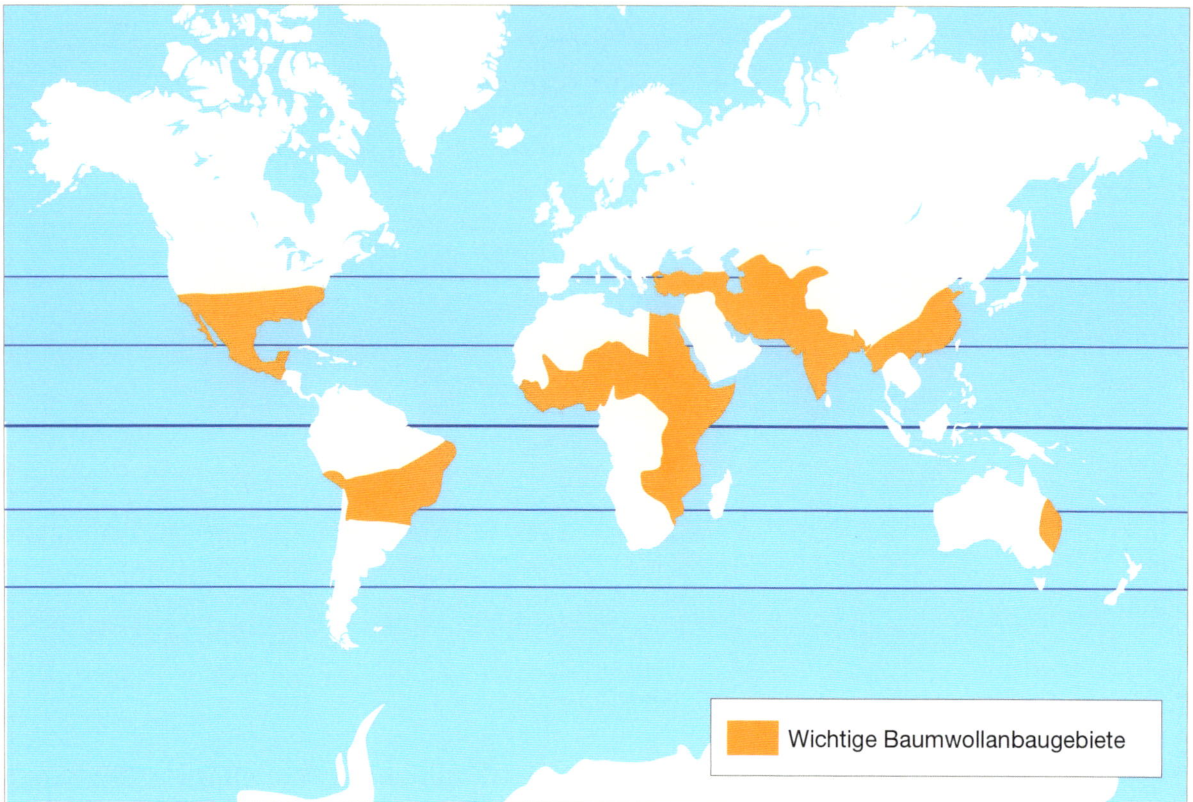

1. Setzt folgende Wörter in den Lückentext ein:

Kapsel | Feldern | gespritzt | Strauch | eine | Gesundheit | Wattebausch | gründlich | Händen | Samen | weißen | warmem

Eine Baumwollpflanze ist ein ____________, der sehr viel Wasser benötigt. Aber er ist nur in Ländern mit besonders ____________ Klima zu finden. Dort wird Baumwolle auf riesigen ____________ angepflanzt. Solche Großbetriebe nennt man Plantagen, wenn dort ausschließlich ____________ Pflanze angebaut wird. In der Baumwollblüte reifen die ____________. Die Samen sind in einer ____________ eingehüllt. Die Erntezeit beginnt, sobald sie sich öffnen und die ____________ Baumwollfasern zu sehen sind. Sie sehen wie ein ____________ aus und müssen sehr schnell geerntet werden. Meistens werden sie mit bloßen ____________ gepflückt. Manchmal erledigen das aber auch Maschinen, doch die arbeiten meistens nicht so ____________. Um eine bessere Ernte zu bekommen, werden unter anderem Schädlingsbekämpfungsmittel ____________. Sie sind jedoch schlecht für die ____________ der Baumwollpflücker und verschmutzen die Umwelt.

2. Erklärt den Begriff „Baumwollgürtel“ in eigenen Worten.

____

____

____

Die Erfindung von Gutenberg

In China und Japan hatte man schon sehr früh eine Technik des Buchdrucks entwickelt: In Holz, Ton oder Elfenbein wurden Schriftzeichen oder Bilder geritzt. Dann tauchte man diese Stempel in Tinte und presste sie auf ein Blatt Papier. Die Chinesen verbesserten diese Technik, indem sie einzelne Lettern schufen, die man für jeden Druckvorgang neu zusammensetzen konnte.

In Europa wurde dieses Verfahren erst 400 Jahre später entdeckt. Johannes Gutenberg aus Mainz stellte aus einer Musterletter in Spiegelschrift viele identische Metalllettern her, die er zu Texten zusammensetzte.

1. Wie das Verfahren, das Johannes Gutenberg erfunden hat, funktioniert, erfahrt ihr, wenn ihr folgende Sätze hinter die zugehörigen Bilder setzt.

Gutenberg stellte eine Musterletter aus hartem Material her (der Buchstabe ist in Spiegelschrift). | In die Matrize goss er flüssiges Blei. | Mehrere Lettern setzte er zu einer Druckform zusammen und färbte sie schwarz. | Nun war der Bogen bedruckt. | Die Bögen wurden übereinandergelegt und in der Mitte gefaltet. | Der Buchblock erhielt einen Einband. | Dann schlug er sie in ein Klötzchen aus weichem Kupfer. | Auf diese Weise stellte er viele Bleilettern her. | In einer Presse wurden Papier und Druckform zusammengedrückt. | Auf die Druckform legte er einen Bogen Papier.

1

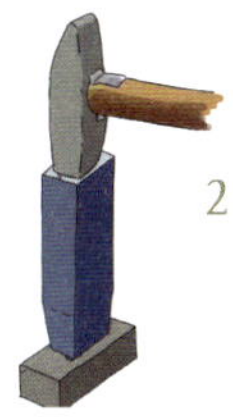

2

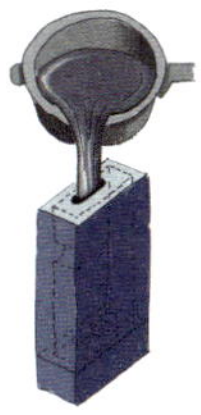

3

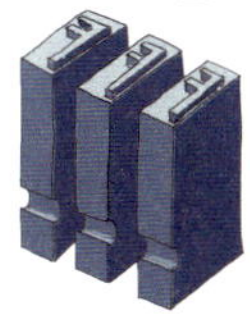

4

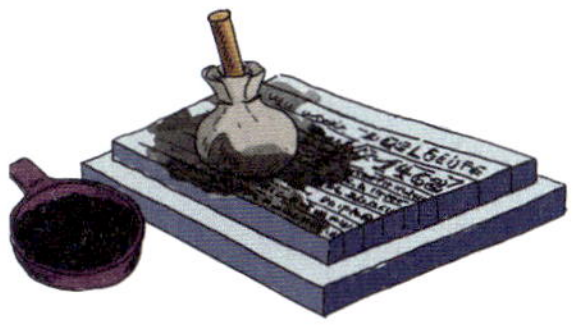

5

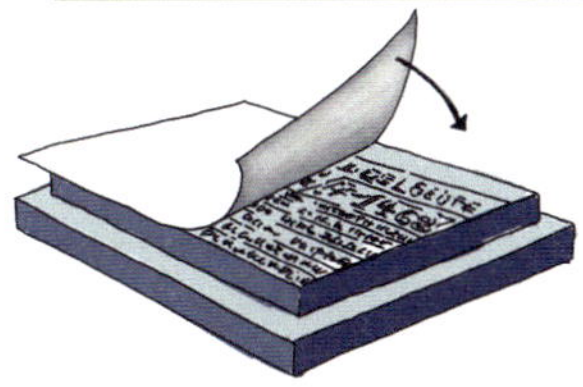

6

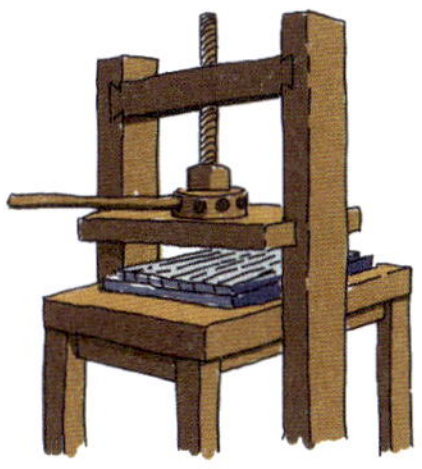

7

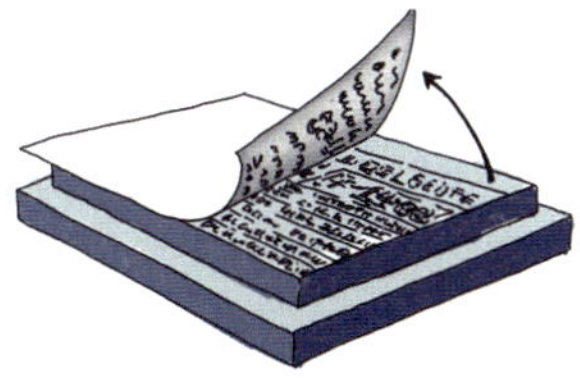

8

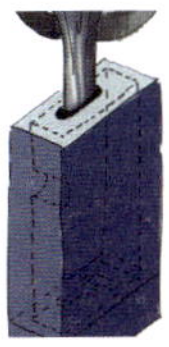

9

10

Infowelten

Menschen sprechen miteinander. Das nennt man Kommunikation. Der Erfolg hängt von vielen Dingen ab.

Mögliche Störungen

Störungen (persönliche)

Sprecher
(Sender)

Zuhörer
(Empänger)

Störungen (äußere)

Mögliche Störungen

Persönliches: *Sprecher und/oder Zuhörer sind gut/schlecht gelaunt*
Sprecher und/oder Zuhörer sind befreundet/können sich nicht ausstehen
Sprecher und/oder Zuhörer haben Probleme
…

Äußere Bedingungen: *es ist heiß/kalt*
es ist laut/still
es gibt Zeitdruck
…

1. Tragt mögliche Störungen in die entsprechenden Felder ein.

2. Erklärt an zwei Beispielen, wie Störungen den Erfolg des Gesprächs beeinflussen können.

Die Massenmedien

1. Die Aufgaben der Massenmedien lassen sich vier Bereichen zuordnen: Vervollständigt die Sätze, indem ihr die in Klammern stehenden Wörter an den jeweils richtigen Stellen im Lückentext einfügt.

1. Bereich: Informieren

Bürgerinnen | Demokratie | funktionieren | Bürger | informiert

In der Demokratie bestimmen ______________ und ______________ die Politik. Eine ______________ kann nur dann richtig ______________, wenn alle gut ______________ werden. Diese Aufgabe übernehmen die Massenmedien.

2. Bereich: Kritisieren und kontrollieren

Parlament | Staat | vierte | Rechtsprechung | Regierung | Politiker

Massenmedien werden auch die „______________ Gewalt" (neben ______________, ______________ und ______________) in einem ______________ genannt, weil sie die ______________ kontrollieren. Außerdem können die Massenmedien die Regierung eines Landes kritisieren.

3. Bereich: Unterhalten

Radio | Spielfilmen | Sport | Fernsehen | Talkshows | Empfangsorte | Musik

Von ______________ über ______________ bis hin zu ______________ wird einem vom ______________ rund um die Uhr jede Menge Unterhaltung geboten. Auch das ______________ sendet viel ______________ an alle denkbaren ______________.

4. Bereich: Bilden

Zeitung | dazulernen | Sendungen | fortbilden

Wer etwas ______________ oder sich ______________ will, greift nicht selten zur ______________, schaltet den Fernseher ein oder hört entsprechende ______________ im Radio.

Wirtschaftskraft und Meinungsmacher

1. Ergänzt in den vier Absätzen die Lücken im Text.

Berufen | Medienunternehmen | Arbeitgeber

Medien sind wichtige ______________, weil viele Menschen mit verschiedenen __________ bei ______________________ angestellt sind. Nennt einige Beispiele: ____________________

____

Werbung | Essgewohnheiten | Meinungsmacher | Moderichtungen

Medien sind ______________. Beispielsweise durch Lifestylesendungen und -berichte beeinflussen sie Dinge wie ______________, ______________ oder das allgemeine Käuferverhalten. Dabei spielt auch die __________ eine wichtige Rolle. Werbung ist auf die Medien angewiesen, um ihre Zielgruppen zu erreichen.

kritisch | Politik | Politiker | unterstützt

Medien machen ______________. Durch die Art ihrer Berichterstattung werden ______________ in erfreulichen Zusammenhängen oder ______________ dargestellt. Auch politische Richtungen werden in den Medien ______________ oder angeprangert.

produziert | Medientechnik | geworben | Wirtschaftskraft

Die ______________ sorgt mit ihren Erfindungen für immer neue Produkte. Dadurch sind Medien eine bedeutende ______________________.
Neue Geräte werden ______________________,
in den Medien vorgestellt und es wird für sie ______________.
Die Kauflust wird dadurch geweckt, der Umsatz steigt und nach einer gewissen Zeit beginnt dieser Kreislauf von Neuem.

Was ein Smartphone alles kann

Kommunikation

Information

Medien

Unterhaltung

1. Ordnet die Begriffe zu:

Telefonieren | Nachrichten verschicken | Fotos erstellen | Videos aufnehmen | Stimmen und Geräusche aufnehmen | rechnen | übersetzen | spielen | den Weg zeigen | Nachrichten empfangen | Filme ansehen | Videos ansehen

2. Ergänzt weitere Einsatzmöglichkeiten.

Rund ums Internet – ein Rätsel

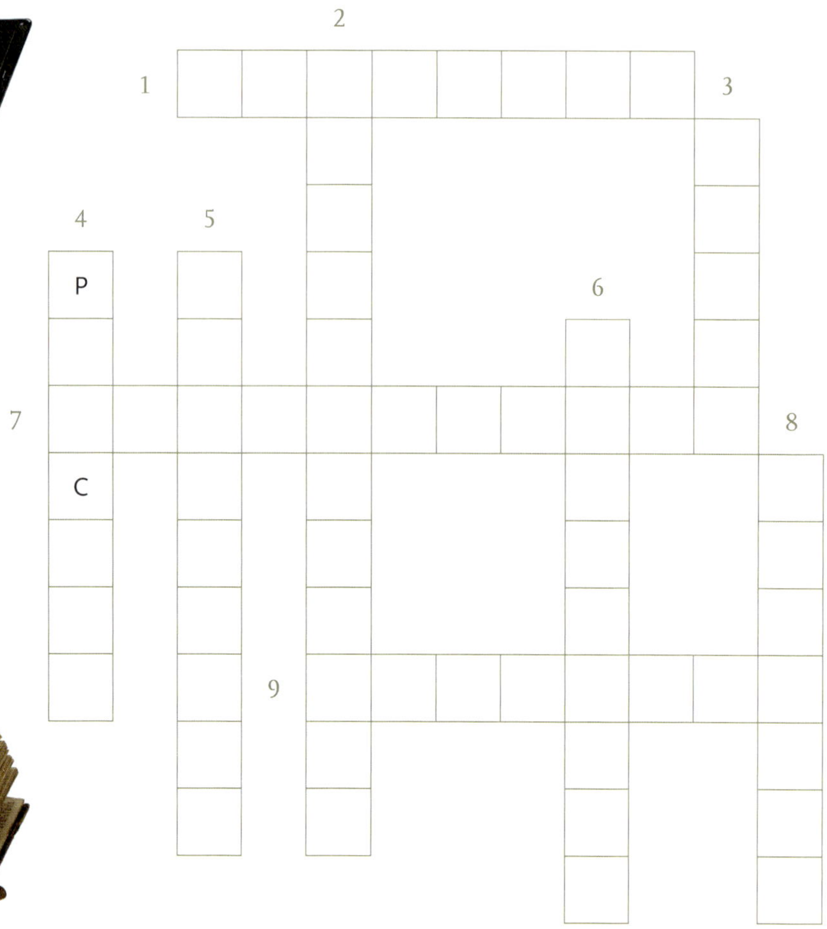

1. Löst das Kreuzworträtsel.

Senkrecht:

2 Fernsehen, Radio, Zeitung – jedes für sich ist ein so genanntes …

3 Hier wurde 6 senkrecht erfunden; hier ist auch das ZDF zu Hause.

4 Medienberichte, die man aus dem Internet herunterladen kann

5 Er erfand den Buchdruck: Johannes …

6 wurde von 5 senkrecht erfunden

8 Es besteht aus Papier, kommt täglich oder nur einmal in der Woche; ist ein Massenmedium (auch im Internet verfügbar).

Waagerecht:

1 technisches Gerät, das es fast in jedem Büro gibt

7 Darauf sollte man unbedingt achten, bevor man über sich etwas (sehr Persönliches oder Privates) im (weltweiten) Internet mitteilt.

9 Mit dem Buchstabenkürzel WWW und einem geeigneten Computer steht es uns offen.

Soziale Medien

1. Lisa und Jan hocken schon den halben Nachmittag nahezu stumm über ihre Smartphones gebeugt. Sie „sprechen" mit ihren Freunden. Schreibt auf, was die Eltern denken/sagen und was die Kinder denken/antworten.

2. Beschreibt die Situation auf dem Schulhof. Was geht hier vor? Was denken die Beteiligten? Ergänzt die Sprechblasen. Welchen Rat könnt ihr geben? Schreibt euren Rat auf.

Das Medium Karte

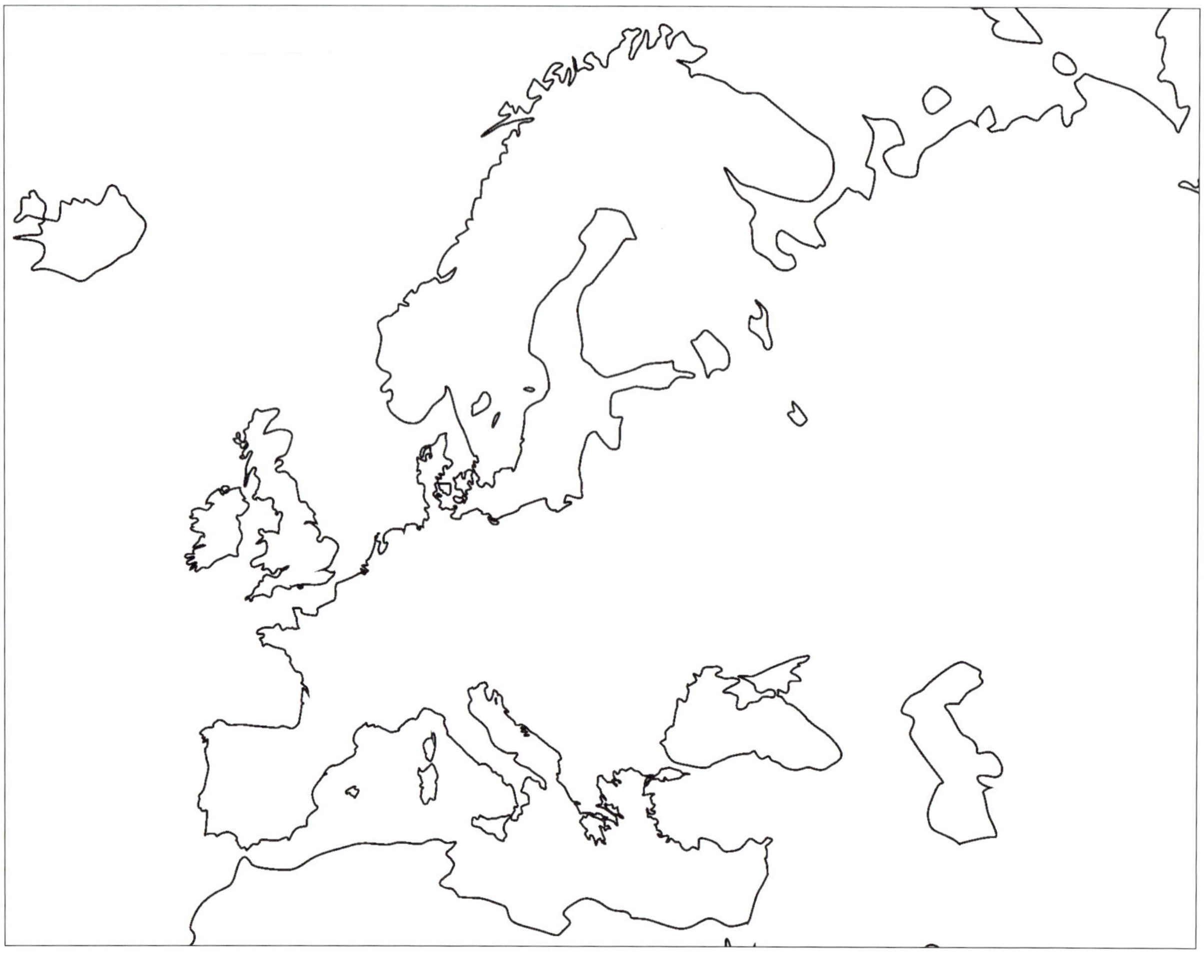

1. Vergleicht die Karte des Herodot von 450 v.Chr. mit den heute bekannten Umrissen. Färbt die Gebiete rot ein, die schon damals als bekannt eingezeichnet waren.

2. Setzt die folgenden Begriffe richtig in den Lückentext ein:

Symbole | Karten | Weltraum | Flussnamen | besiedelt

Heute dienen Fotos aus dem ______________ als Grundlage für exakte Karten. Man kann diese Satellitenbilder in ______________ für unterschiedliche Zwecke umwandeln. Hierzu werden ______________ eingefügt, Straßen- oder ______________ eingesetzt oder ganze Flächen in bestimmten Farben eingefärbt, um ein Gebiet zum Beispiel als ______________ oder landwirtschaftlich genutzt auszuweisen.

3. Das müsste man in einen Stadtplan einzeichnen:

____

____

____

____

____